好奇心书系

自然观察手册

中国常见古生物化石

A FIELD GUIDE TO THE COMMON FOSSILS OF CHINA

编著 唐永刚 邢立达

重庆大学出版社

图书在版编目（CIP）数据

中国常见古生物化石 / 唐永刚，邢立达编著．— 重庆 ：重庆大学出版社，2014.10（2024.11重印）

（好奇心书系.自然观察手册系列）

ISBN 978-7-5624-8189-8

Ⅰ．①中… Ⅱ．①唐… Ⅲ．①古生物—化石—中国—普及读物 Ⅳ．①Q911.72-49

中国版本图书馆CIP数据核字（2014）第094153号

中国常见古生物化石

编著：唐永刚 邢立达

策划：鹿角文化工作室

责任编辑：梁 涛　　版式设计：周 娟 刘 玲

责任校对：谢 芳　　责任印制：赵 晟

*

重庆大学出版社出版发行

出版人：陈晓阳

社址：重庆市沙坪坝区大学城西路21号

邮编：401331

电话：(023) 88617190 88617185（中小学）

传真：(023) 88617186 88617166

网址：http://www.cqup.com.cn

邮箱：fxk@cqup.com.cn（营销中心）

全国新华书店经销

重庆长虹印务有限公司印刷

*

开本：787mm × 1092mm 1/32 印张：8.25 字数：271千

2014年10月第 1 版　2024年11月第 8 次印刷

印数：22 001—25 000

ISBN 978-7-5624-8189-8 定价：46.00元

序

中国有着非常独特的化石资源，是世界上著名的古生物化石大国。近年来各地不断发现的奇异化石群，把国际科学界的注意力引向了中国。随着对生命演化史上一些关键阶段具有重要意义的系列化石的发现，中国的古生物学研究一跃成为国际科学界的一支中坚力量。

在新近的一系列发现中，有几个动物群尤其令人瞩目，那就是云南澄江生物群和热河生物群。云南澄江生物群，是保存完整的寒武纪早期古生物化石群，生动地再现了5.3亿年前海洋生命壮丽景观和现生动物的原始特征，为人们研究寒武纪早期生物大爆发过程和生态环境等提供了证据。热河生物群则是发现于辽西中生代晚期的“世界级化石宝库”，以原始鸟类、带羽毛恐龙、早期哺乳动物、被子植物震惊了世界。这些古生物化石几乎囊括了中生代向新生代过渡的所有生物门类，对研究“带羽毛的恐龙”与鸟类起源和羽毛起源的关系、探讨早期鸟类的演化、考证哺乳动物和被子植物的辐射等均具有巨大价值。

近年来，由于古生物化石科普知识的日益普及，中国出现了一批化石爱好者，自称“化石猎人”，他们会在周末背上背包，拎着地质锤，根据所掌握的地质古生物知识，走出城市，到野外去寻找、发现古生物化石。他们将在野外采集到的化石带回到室内自己动手修理，他们具备一定的鉴定能力，通过资料去初步鉴定化石，他们收藏并认真保护好每一块化石。化石猎人野外探索的目的在于发现化石，如果能够发现极具研究价值的化石、化石群或新的物种，将会对我国的古生物研究作出贡献。目前已经出现了一些化石猎人与专家成功合作研究所发现化石的典范，在这一点上，中国的化石猎人也正与国际化石界接轨。他们是面向大众的古生物化石知识的宣传者，也期待着化石爱好者在野外实践的基础上不断有新的重要发现，成为非专业的化石研究者。

现在化石爱好者和化石猎人的队伍正不断扩充，有更多的年轻人源源不断地加入到化石猎人的行列。他们用自己的执着和热情打造着中国化石猎人新时代。但是很多新人，面对群山不知从何下手去寻找化石，找到的化石需要鉴定和了解相关地质背景知识，化石爱好者需要一本简单、易懂的实用型、综合性的古生物化石图鉴。本书作者根据自己多年的野外实践经验，以化石爱好者在野外能够发现的化石和博物馆常见化石为基础，精心为化石爱好者打造了这本《中国常见古生物化石》。

书中详细总结了如何寻找化石以及化石收藏与保管的实践方法。内容的选择，以化石爱好者的兴趣出发，从无脊椎动物、脊椎动物、植物到遗迹化石，包罗了各地质时期的代表性化石。每一块标本都是从众多化石爱好者的藏品中或博物馆中精选出来的，全部实物拍摄，力求完整再现物种的面貌特征；另外还标明了每一块标本的名称、分类地位、产地、地质年代等，并作了简要的描述或说明，力求通俗易懂，以便古生物化石爱好者和收藏者能够参照图片和描述对自己的化石作出初步的鉴定，并提高野外寻找化石的热情和分辨能力。

然而，由于古生物化石的鉴定特征时有修正、归并，本文作者只能按照著书时的知识体系来整理资料。作者希望待数年后，当古生物特征变动较多之时，我们能在此书再版时作出修订。此外，作者斗胆写这本书的主要是为了和大家一起交流，但毕竟作者的知识水平和野外阅历有限，书中难免有疏漏之处，还望读者朋友予以谅解并多多指教。

本书中除恐龙（含鸟类）与翼龙条目由邢立达完成之外，其他部分都由唐永刚完成。

在成书的过程中得到了中国科学院古脊椎动物与古人类研究所周忠和院士、徐星研究员、董枝明研究员、尤海鲁研究员；中国地质大学（北京）的张建平教授；中国科学院南京地质古生物研究所黄迪颖研究员，袁金良研究员的帮助和指正。

另外，我们还得到了以下古生物化石研究者和爱好者的帮助，他们分别是：广西南宁的曾广春、甘肃和政的马长寿、云南昆明的陈庆韬、中国地质大学的纵瑞文、贵州凯里的杨再春、成都的刘建、上海的魏江、广州的吴子豪、北京的崔世辰、辽宁朝阳的王华、浙江宁波的黄力、山东临沂的柳洋、贵州遵义的郭安顺、湖南花垣的龙晓红、贵阳网友“花甲新兵”等，他们提供了部分资料和标本图片，在此表示感谢！

唐永刚　邢立达

2014年4月

目录

CONTENTS

目录

CONTENTS

什么是化石

由于自然作用在地层中保存下来的地史时期生物的遗体、遗迹，以及生物分解后的有机物残余(包括生物标志物、古DNA残片等)等统称为化石。

▶ 保存在地层中的鱼类化石

在漫长的地质年代里，地球上曾经生活过无数的生物，这些生物死亡后的遗体或生活遗迹，迅速被当时的泥沙掩埋起来。埋藏在沉积物中的生物遗体经历了物理作用和化学作用的改造，但是仍然保留着它们原来的形态及部分生物结构。同样，那些生物生活时留下来的痕迹也可以这样保留下来。我们就把这些石化的生物遗体、遗迹称为化石。

▶ 保存在地层中的三叶虫化石

化石的分类

地层中的化石按其保存特点可分为实体化石、模铸化石、遗迹化石和化学化石四大类。

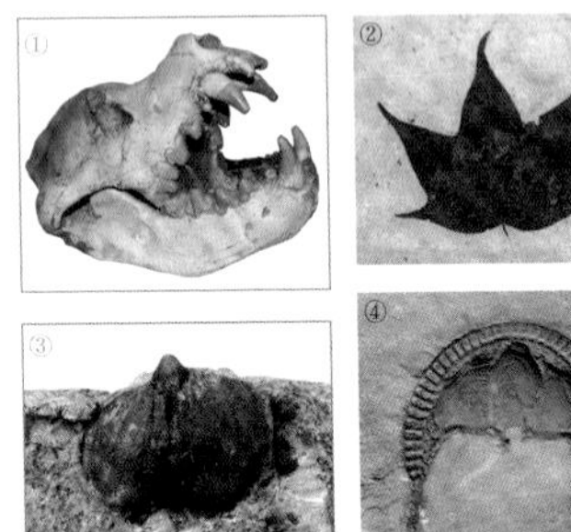

▶① 实体化石
▶② 印痕化石
▶③ 模核化石—内核
▶④ 印模化石
▶⑤ 遗迹化石

实体化石是由古生物遗体本身的全部或部分保存下来而形成的化石。有些生物的遗体能够比较完好地保存而没有显著的变化。如西伯利亚冻土中发现的第四纪猛犸象以及琥珀里面保存的昆虫等。但绝大多数的生物化石仅仅保留的是经过不同程度化石化作用的硬体部分。

模铸化石是古生物遗体留在岩层或围岩中的印痕和复铸物。根据与围岩的关系被分为5种类型：印痕化石、印模化石、模核化石（又分为外核和内核）、铸型化石和复合模化石。

遗迹化石是指保留在岩层中的古生物生活时的活动痕迹及其遗物。常见的遗迹化石有以下几种：脊椎动物的足迹、软体动物及节肢动物的爬痕、舌形贝和蠕虫在海底钻洞留下的潜穴等。古生物的遗物又可以称为遗物化石。主要有动物的排泄物或卵，古人类在各个发展时期制造和使用的工具及其他各种文化遗物也都属于遗物化石。

化学化石是指在某种特定的条件下，古生物遗体没有保存下来，但组成生物的有机成分分解后形成的氨基酸、脂肪酸等有机物却仍然保留在岩层里。

地质年代

地质年代是地球上不同时期的岩石和地层，在形成过程中的时间和顺序。地质学家和古生物学家根据地层自然形成的先后顺序和所含化石建立了一个地层系统表和对比框架。最大的时间概念是宙，其次是代、纪、世、期、时。整个地质年代划分为太古宙、元古宙、显生宙；显生宙分古生代、中生代、新生代；古生代又分寒武纪、奥陶纪、志留纪、泥盆纪、石炭纪、二叠纪，纪又可以进一步分世，世以下分成若干个期，期以下还可以分阶。与地质时代相对应，代表每一地质时期的地层也建立起地层单位，分别是：宇、界、系、统、阶、带。

地质年代表 (Geological Time Scale)

地质年代、地层单位及代号				同位素年龄（百万年Ma）		生物演化阶段			中国主要地质、生物现象
宙（宇）	代（界）	纪（系）	世（统）	时间间距	距今年龄	动物		植物	
显生宙 (PH) Phanerozoic	新生代 (Kz) Cenozoic	第四纪 (Q) Quaternary	全新世 (Q_4/Q_h) Holocene	2~3	0.012	人类出现	无脊椎动物继续演化发展	被子植物繁盛	
			更新世 ($Q_1Q_2Q_3/Q_P$) Pleistocene		2.48 (1.64)				冰川广布，黄土生成
		新近纪 (N) Neogene	上新世 (N_2) Pliocene	2.82	5.3	哺乳动物繁盛			西部造山运动，东部低平，湖泊广布
			中新世 (N_1) Miocene	18	23.3				
		古近纪 (E) Paleogene	渐新世 (E_3) Oligocene	13.2	36.5				哺乳类分化
			始新世 (E_2) Eocene	16.5	53				蔬果繁盛，哺乳类急速发展
			古新世 (E_1) Paleocene	12	65				哺乳动物兴盛
	中生代 (Mz) Mesozoic	白垩纪 (K) Cretaceous	晚白垩世 (K_2)	70	135 (140)	爬行动物繁盛			造山作用强烈，火成岩活动矿产生成
			早白垩世 (K_1)					裸子植物繁盛	
		侏罗纪 (J) Jurassic	晚侏罗世 (J_3)	73	208				恐龙极盛，中国南山俱成，大陆煤田生成
			中侏罗世 (J_2)						
			早侏罗世 (J_1)						
		三叠纪 (T) Triassic	晚三叠世 (T_3)	42	250				中国南部最后一次海侵，恐龙哺乳类发育
			中三叠世 (T_2)						
			早三叠世 (T_1)						

续表

地质年代、地层单位及代号					同位素年龄（百万年Ma）		生物演化阶段			中国主要地质、生物现象
宙（宇）	代（界）		纪（系）	世（统）	时间间距	距今年龄	动物		植物	
显生宙（PH）Phanerozoic	古生代（Pz）Paleozoic	晚古生代（Pz_2）	二叠纪（P）Permian	晚二叠世（P_2）	40	290	两栖动物繁盛	无脊椎动物继续演化发展	蕨类植物繁盛	世界冰川广布，新南最大海侵，造山作用强烈
				早二叠世（P_1）						
			石炭纪（C）Carboniferous	晚石炭世（C_3）	72	362（355）				气候温热，煤田生成，爬行类昆虫发生，地形低平，珊瑚礁发育
				中石炭世（C_2）						
				早石炭世（C_1）						
			泥盆纪（D）Devonian	晚泥盆世（D_3）	47	409	鱼类繁盛			森林发育，腕足类鱼类极盛，两栖类发育
				中泥盆世（D_2）					裸蕨植物繁盛	
				早泥盆世（D_1）						
		早古生代（Pz_1）	志留纪（S）Silurian	晚志留世（S_3）	30	439	海生无脊椎动物繁盛			珊瑚发育，气候局部干燥，造山运动强烈
				中志留世（S_2）						
				早志留世（S_1）					藻类及菌类繁盛	
			奥陶纪（O）Ordovician	晚奥陶世（O_3）	71	510				地热低平，海水广布，无脊椎动物极繁盛末期华北升起
				中奥陶世（O_2）						
				早奥陶世（O_1）						
			寒武纪（$\in$）Cambrian	晚寒武世（$\in_3$）	60	570（600）				浅海广布，生物开始大量发展
				中寒武世（$\in_2$）						
				早寒武世（$\in_1$）			硬壳动物繁盛			
元古宙（PT）Proterozoic	元古代（Pt）Proterozoic	新元古代（Pt_3）	震旦纪（Z/Sn）Sinian		230	800	裸露动物繁盛			地形不平，冰川广布，晚期海侵加广
			青白口纪		200	1 000			真核生物出现	沉积深厚造山变质强烈，火成岩活动矿产生成
		中元古代（Pt_2）	蓟县纪		400	1 400				
			长城纪		400	1 800			原核生物出现	
		古元古代（Pt_1）			700	2 500				早期基性喷发，继以造山作用，变质强烈，花岗岩侵入
太古宙（AR）Archean	太古代（Ar）Archeozoic	新太古代（Ar_2）			500	3 000				
		古太古代（Ar_1）			800	3 800	生命现象开始出现			

注：表中震旦纪、青白口纪、蓟县纪、长城纪，只限于国内使用；原来的早第三纪和晚第三纪分别更名为古近纪和新近纪。

如何寻找到化石

作为一名化石爱好者，出于对化石的爱好和接触大自然的活动，要有意识地去寻找化石。那么如何才能找到化石呢？一位经验丰富的化石猎人总是有办法唤醒沉睡在地下的化石。

首先我们需要认识岩石。尽管岩石变化万千，但都归属于三大类：火成岩 、变质岩和沉积岩。化石与火成岩是无缘的，另外在变质岩中极少发现完整的化石，即使发现了也失去了应有的价值。沉积岩是在地表条件下，由各种各样的沉积物形成的岩石，它是唯一能够保存化石的岩石。因此我们在寻找化石的时候，应把注意力放在沉积岩上。

▶ 沉积岩地层

第一，出发前应该参考有关的地质图或书籍资料，了解目标地点的地质年代，或通过网络搜集一下有关化石的信息，做到有准备、不盲目。

第二，寻找化石露头。自然露头有断崖、冲沟、河床、海岸等，人工露头有采石场、道路切坡、水库周边等，都是理想的采集点。

第三，找到沉积岩。在野外看沉积岩主要是看岩石是否分层——大规模延伸的显著分层。沉积岩里的泥岩、页岩是寻找化石的主力军，灰岩里也含有大量化石。一般来说沉积岩的颗粒越细，所含化石的种类和数量就越多，也会更为完整。深色的灰岩或页岩中往往有较多的化石埋藏。

第四，无脊椎动物化石如三叶虫、腕足主要在海相地层中，在野外采集时最易遇到，化石十分丰富。脊椎动物化石中的鱼类和水生爬行类基本是原地埋藏的，多属于湖泊沉积岩层，陆生爬行类及哺乳类多数以零散的骨骼、牙齿的硬体出现。煤系地层中植物化石最为丰富。

▶① 河床和断崖
▶② 采石场——大面积的露头是理想的采集地点

▶③ 页岩——大规模延伸的显著分层
▶④ 泥岩地层——云南澄江细腻的泥岩中保存了丰富的早寒武世化石
▶⑤ 煤系地层中保存了大量植物化石

第五，岩石性质发生改变的层位上，因为岩性（如成分、颜色、组织结构等）的改变，也就意味着沉积环境的改变，在此情景下，极易造成生物的大批死亡，因而化石也就比较集中。

第六，泥质灰岩或泥灰岩层的结核内，往往包裹着化石。因为含结核的岩层一般形成于浅水动荡的环境中，生物死亡以后，在水波搅动的情况下，生物遗体周围的泥质凝聚汇集起来，胶结成结核，所以在野外遇到此种岩层的结核，打开可能会获得形态比较完整的化石。

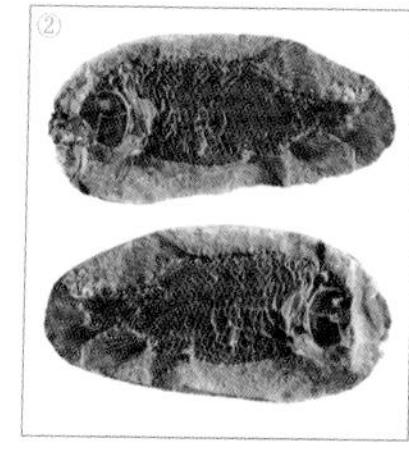

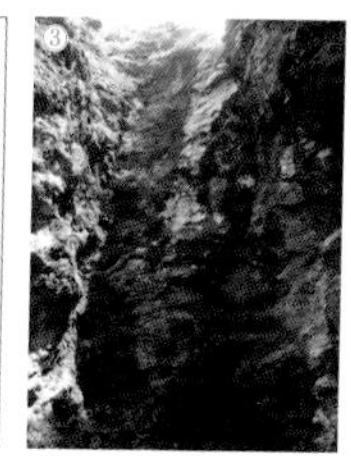

第七，洞穴和裂隙是哺乳动物化石的仓库。一定要留心到洞穴中去寻找哺乳动物化石和古人类化石，一般在洞口和洞的深处都比较容易找到化石。

▶① 志留纪和泥盆纪交界的地层含有大量的植物和早期鱼类化石
▶② 泥灰岩结核中保存的完整鱼类化石
▶③ 洞穴是哺乳动物化石的仓库
▶④ 国家地质公园

第八，以化石为主题的国家地质公园，保护的对象是含化石特别丰富的古生物化石群，同时建有地质化石博物馆，是学习古生物化石知识的好去处，但是不允许在国家地质公园内随意采集化石，随意采集化石是违法的。

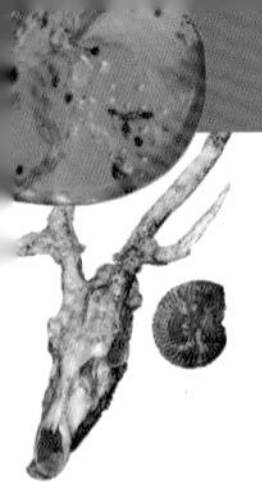

化石的收藏与保管

作为一名化石爱好者，想拥有自己的化石收藏，最好的方式是去野外发现、采集化石标本，这是一件有趣的户外活动，也是必须具备的能力。野外最有可能获得具有研究价值的标本。收藏化石的过程是一个从爱好到科学的过程，要懂得化石的采集、修理、加固、鉴定、分类、标记、编号、展示、储纳等，只有做好了这些工作才能有效地保管好收藏的化石，丰富自己的知识和生活的乐趣。野外采集化石要遵守《古生物化石保护条例》，合法采集化石。

▶ 野外采集化石

第一，野外采集化石之前要做必要的准备工作，一位化石猎人首先要配备一把开石利器——地质锤；要携带30倍手持放大镜，以便于随时观察采集的标本。照相机、地质罗盘、手持GPS、野外记录本、凿子、毛刷、速干胶和安全装备等，都是帮助你顺利完成野外采集工作的装备。

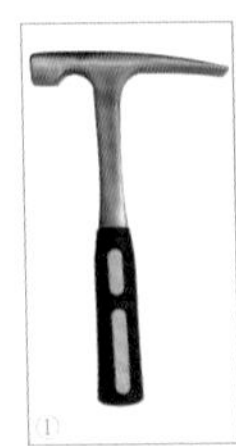

▶① 地质锤
▶② 30倍手持放大镜
▶③ 带护手的凿子
▶④ 地质罗盘

▶野外采集的化石要及时包好

第二，野外采集的化石，在现场要防止太阳直射，特别是泥岩或页岩类的化石要及时用软纸包好，放入标本袋，以免化石在干燥的过程中损坏。对于采集过程中损坏的化石可以用速干胶现场黏结，采集的标本要标注好采集的时间、地点、层位等，做好野外笔记和图片记录。对于已经发现，但无能力采集的化石，要留在现场，防止人为破坏。

▶损坏的化石可以用速干胶现场黏结

第三，野外归来，要进行室内工作，许多标本需要初步的鉴定、观察、修理，清除黏附在化石上的围岩、沙土等；断裂的化石需要黏结；质地松软的化石需要加固；有些化石采集来是湿的，这就需要把它们放在湿度适合的环境下慢慢阴干，干燥后化石硬度会高起来。化石的修理是一项技术活儿，需要在实践中慢慢学习掌握，合适的修理工具和体视显微镜，对修理工作会有很大的帮助。

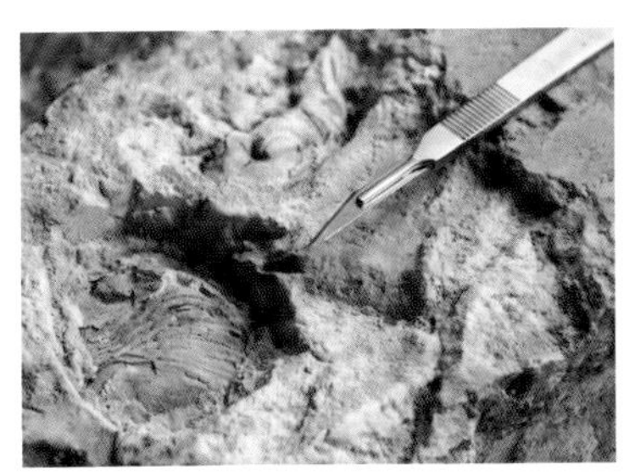
▶化石的修理

▶简单的化石修理工具

第四，大多数化石只要放置在室内，避免阳光直射和水的浸泡，一般都可以长期保存，要求储存化石的空间要保持干燥。但有些特殊的化石需要经过简单处理，才能得以保存。例如有些奥陶纪泥岩的三叶虫质地松软，需要乳胶（或办公用胶水）稀释后在其表面刷一层保护层；澄江生物群的化石也属于泥岩，放一段时间后如果发现有风化迹象也可以用此方法处理；山旺化石是硅藻土页岩，容易风化，所以采集后要用石蜡封住边缘以防止开层，当然用玻璃盒石蜡封存最好；黄铁矿化的化石，与空气接触久了容易氧化，需要涂保护层，然后放入塑料袋等封闭的环境保存。

▶涂完保护层的泥岩质三叶虫化石

▶用石蜡封存在玻璃盒里的山旺化石

▶ 电子档案

第五，化石初步整理好后，要给化石贴上标签、编号、建立电子档案。标签和电子档案上应该注明化石的名称、地质年代、采集地点、采集人、采集日期等信息，缺少了上述资料的化石将失去科研价值。有研究价值的标本可以和古生物专家取得联系，以便得到更好的研究和利用。

▶ 贴上标签的三叶虫化石

▶ 木制方格盒子很适合放置小的化石

▶ 用珍珠棉板制作的化石嵌入式储纳盒

第六，以上工作完成后，就可以根据自己的条件将化石分别储纳或展示了。小的化石可以利用合适的收纳盒分类收纳，大一些的化石可以在书橱或展示柜直接展示，室内要保持干燥，经常通风，化石会得到长期的保存。对于国家重点保护化石，根据《古生物化石保护条例》实施办法和《国家重点保护古生物化石名录》，可以委托有化石收藏资格的单位代为保管、展示或赠予。

中国著名古生物化石群

澄江生物群

澄江生物群这一举世闻名的特异化石库发现于云南澄江帽天山，距今约5.3亿年，包括大量栩栩如生的奇异化石，以及不少保存精美的软躯体化石，它们是寒武纪大爆发的直接证据。澄江生物群是保存完整的寒武纪早期古生物化石群，共涵盖16个门类、200余个物种化石。 2012年7月1日，澄江化石地正式被列入《世界遗产名录》。

澄江生物群再现了寒武纪早期海洋生物的真实面貌，为揭示地球早期生命演化提供了极其珍贵的证据。澄江生物群化石保存在细腻的泥岩中，动物的软体附肢构造保存精美，且呈立体保存，现今生物所有门类的远祖代表都有发现。澄江生物群以软躯体化石的罕见保存为特色，现已发现描述的澄江生物群化石分属：藻类、海绵动物、腔肠动物、鳃曳动物、叶足动物、动吻动物、腕足动物、软体动物、节肢动物、棘皮动物、线虫动物、古虫动物、毛颚动物、脊索动物等多个动物门以及一些分类位置不明的奇异类群、遗迹化石和粪类化石。

澄江生物群中这些最原始的各种不同类型的海洋动物软体构造保存完好，千姿百态、栩栩如生，是目前世界上所发现的最古老、保存最完好的一个多门类生物化石群。生动如实地再现了当时海洋生命的壮丽景观和现生动物的原始特征，为研究地球早期生命起源、演化、生态等理论提供了珍贵证据。澄江生物化石群的发现，引起了世界科学界的轰动，被称为“20世纪最惊人的发现之一”。

▶ 澄江生物群

凯里生物群

凯里生物群发现于贵州省剑河县革东镇八郎村后山，属中寒武世早期，是全球三大布尔吉斯页岩型生物群之一。凯里生物群化石非常丰富，目前凯里生物群有11大门类、120多个属的化石，包括多孔动物及开腔类、腔肠动物和刺细胞动物、蠕虫类、触手动物水母状化石、腕足动物、软体动物、节肢动物、棘皮动物、宏观藻类、疑源类，还包括了大量的软躯体动物化石，如各种软躯体节肢动物、叶足类、各种蠕虫、水母状化石、奇虾、高足杯虫等，其中保存完整的各种三叶虫化石和棘皮动物是凯里生物群的特色。

三叶虫达36属，以褶颊类和偏头类三叶虫为主，是最多的一个类群。棘皮动物是凯里生物群的核心组成部分，化石数量及类群均多，包括海百合亚门的始海百合纲、海扁果亚门的海箭纲、海胆亚门的海座星纲及海参纲的化石。节肢动物还包括了纳罗虫、马尔三叶虫、大型双瓣壳节肢动物、奇虾类、林桥利虫等。叶足动物包括微网虫和怪诞虫。

凯里生物群是我国继澄江生物群后发现的又一个寒武纪布尔吉斯页岩型生物群，为早期后生生物及寒武纪布尔吉斯页岩型生物群的整体演化提供了中寒武世早期这一环节。凯里生物群的时代早于布尔吉斯页岩生物群而晚于澄江生物群，在生物演化上处于承前启后的位置，为中寒武世生物的发生、辐射、迁移和灭绝的研究提供了大量的资料。

▶凯里生物群

罗平生物群

▶ 罗平生物群

罗平生物群位于云南省罗平县罗雄镇大洼子村，是世界上生物多样性最为丰富的三叠纪海生化石库之一，代表了二叠纪末期生物大绝灭后海洋生态系统的全面复苏，是中三叠世生物大辐射的典型代表，也是珍稀的三叠纪海洋生物化石库。

罗平生物群是一个由海生动物、陆生植物以及少量陆生动物混合的群落，保存有非常完整精美的海生爬行动物以及鱼类、节肢动物、双壳类、腹足类、棘皮动物、菊石、植物等化石。海生爬行类是罗平生物群重要的门类之一，已经发现有鱼龙类、鳍龙类（包括肿肋龙、楯齿龙及幻龙类等）、初龙类等。罗平生物群鱼类化石有30多种，并以辐鳍鱼类为主，包括古鳕鱼类、龙鱼类、裂齿鱼类和肋鳞鱼类，还包括了大量的新鳍鱼类以及少量的空棘鱼类。罗平生物群节肢动物类包括鲎类、虾类、等足目、多足类等，其中许多是新属新种。棘皮动物类发现有海胆、海星以及海百合，其中海胆和海星均是新属种。

罗平生物群的发现是21世纪最重要的发现之一。2007年10月，中国地质调查局成都地质调查中心的考察小组发现第一块化石，之后成都地质调查中心罗平生物群研究项目组，仔细寻找每一层的每一件化石标本，累计剥石万余平方米，采获各门类化石上万件。其生动如实地再现了三叠纪时期海洋生命的壮丽景观，为研究P/T大灭绝后三叠纪海洋生态系统复苏、辐射、演化、发展等理论提供了珍贵的科学研究证据。2011年底被国土资源部公布为第6批国家地质公园。

贵州龙动物群

贵州龙动物群是指生活于晚三叠世早期，距今约2.3亿年，当时处于浅海环境的贵州西南部兴义市顶校、乌沙、安龙县和云南富源县的十八连山镇等地，以贵州龙为主的并包括幻龙、鱼、虾等的生物群落。

贵州龙是贵州龙动物群的最主要分子，1957年在顶效镇绿荫村首次发现，属于爬行动物纲、双孔亚纲、鳍龙目、肿肋龙科。它是生活于远古时期的一类中小型海生爬行动物，个体一般小于70 cm，胡氏贵州龙小于40 cm，远安贵州龙长60~70 cm。贵州龙动物群的海洋爬行动物以胡氏贵州龙最为丰富，还包括幻龙（意外兴义龙）、真鳍龙类的兴义欧龙、海龙类、鱼龙类。鱼类化石包括东方肋鳞鱼、兴义亚洲鳞齿鱼、贵州中华真颚鱼、小鳞贵州鳕、小短体鱼、秀丽兴义鱼、优美贵州弓鳍鱼、刘氏比耶鱼、龙鱼等。节肢动物为真软甲类的糠虾和苏尔泡虾。无脊椎动物包括菊石类和双壳类化石。

贵州龙动物群的组成核心——贵州龙，是我国最早发现、研究、命名的三叠纪海生爬行动物化石，也是鳍龙类在亚洲的首次发现，它对海生爬行动物的演化及古地理分布的研究有着重要的意义。贵州龙动物群以化石丰富、保存完好而享誉国内外，已经成为世界上重要的动物群之一。

▶ 贵州龙动物群

▶ 关岭生物群

关岭生物群

关岭生物群位于贵州西南部关岭县新铺乡一带，生物群产于距今约2.2亿年的晚三叠世地层中。关岭生物群是一个以海生爬行动物和海百合化石为主要特色，并伴生有多门类脊椎动物、无脊椎动物的生物群。主要包括海生爬行动物、鹦鹉螺、腕足动物、海百合、鱼类、菊石、双壳类和牙形石等，此外还有裸子植物和蕨类植物。在所发现的海生爬行动物中，以鱼龙类和海龙类为主，次为齿龙类。鱼龙类有黔鱼龙、杯椎鱼龙，海龙类有安顺龙和新铺龙，齿龙类有中国豆齿龙和砾甲龟龙等。海百合化石主要为创孔海百合。

关岭生物群海生爬行动物和海百合数量多、保存完好、形态精美，是全球三叠纪独一无二的化石宝库，2004年国土资源部批准成立“贵州关岭化石群国家地质公园”。

关岭生物群处于二叠纪末期生物大绝灭后，经过早三叠世的缓慢复苏后于中三叠世的快速辐射阶段后的关键位置，对探讨三叠纪海洋生物复苏、三叠纪海洋生物演化和辐射、古海洋动物地理区系以及重塑当时的古海洋环境均有十分重要的意义。

禄丰蜥龙动物群

禄丰位于云南省楚雄彝族自治州，从1938年在禄丰盆地恐龙山“红层”发现第一条恐龙化石——“许氏禄丰龙”至今，发现了以许氏禄丰龙为代表的数量众多的脊椎动物化石，分属于两栖动物、爬行动物、哺乳动物三大类，统称为“禄丰蜥龙动物群”。

禄丰蜥龙动物群的主要成员有：两栖类；爬行类的龟鳖类、假鳄类、植龙类、原鳄类，原蜥脚类的兀龙、云南龙、禄丰龙，虚骨龙类，肉食龙类的中国龙，鸟臀类的大地龙、滇中龙等，蜥蜴类、兽孔类；哺乳类的有巨颅兽、摩尔根兽、中国尖齿兽等。

许氏禄丰龙生活在侏罗纪早期的云南禄丰盆地，是中国最早出现的恐龙之一，也是中国第一具装架的恐龙化石，被称为“中国第一龙”。

1995年在禄丰川街阿纳老长箐村又发现了一处世界级规模的恐龙骨骼化石掩埋点，经过中美两国古生物工作者3年的发掘和探勘，确定这是迄今为止世界上最大的一处中侏罗世晚期的恐龙墓场，其成员包括马门溪龙类的川街龙、坚尾龙类的时代龙。现已建设成为“中国云南禄丰恐龙国家地质公园”和“禄丰世界恐龙谷”。

禄丰是迄今世界上出土恐龙化石最丰富的地区之一，也承载了中国恐龙学的起步，被称为“中国恐龙的原乡”。

▶ 禄丰蜥龙动物群

自贡恐龙动物群

自贡恐龙动物群

自贡地处四川盆地南部，以盛产侏罗纪恐龙化石闻名于世。自贡广泛出露着恐龙演化鼎盛时期的中晚侏罗世陆相红色沉积地层，其中蕴含着大量恐龙及其他脊椎动物化石。现已发现侏罗纪3个纪元近200个脊椎动物化石点，其中恐龙化石点140余处，鉴定出恐龙及其他脊椎动物34属46种。其数量丰富、埋藏集中、门类众多，为世界罕见，被誉为"恐龙公墓"。

自贡恐龙动物群涵盖侏罗纪3个不同时期的恐龙动物群组合。早侏罗世禄丰蜥龙动物群是以原蜥脚类和原始蜥脚类为组合特征的一个动物群，目前发现的脊椎动物有鳞齿鱼、斯氏跷脚龙足迹、似巨型禄丰龙、板龙类以及原始的蜥脚类——鲸龙类。

中侏罗世蜀龙动物群是一个承上启下的动物群，代表性产地是自贡大山铺，大山铺恐龙化石群遗址位于自贡东北郊大山铺镇旁，是一个盛产1.6亿年前的中侏罗世恐龙及其他脊椎动物化石的遗址，是我国最重要的恐龙化石埋藏地，也是世界上最重要的古生物化石埋藏地之一。成员包括鱼类、两栖类的中国短头鲵、龟鳖类、蛇颈龙类的上龙类、鳄形类、翼龙类、似哺乳爬行类，兽脚类主要为中小型原始的类型，包括气龙、四川龙；蜥脚类中原始和进步的共存，目前鉴定出6属7种，包括蜀龙、峨眉龙等；鸟脚类为一些个体较小的原始类型，有2属3种，包括晓龙、灵龙等；剑龙类目前命名一个属种——华阳龙。

晚侏罗世马门溪龙动物群代表恐龙动物群发展的鼎盛阶段，原始的蜥脚类消亡，特化的、长颈型的马门溪龙类为主要成员，肉食类、鸟脚类和剑龙类向大型发展。主要成员包括龟鳖类、鳄形类，兽脚类以大型的肉食类为主，目前所知2属2种；蜥脚类主要为中型的圆顶龙类和巨型的马门溪龙类，目前鉴定出3属5种，包括大安龙、马门溪龙等；鸟脚类有小型的法布劳龙类和较大型的棱齿龙类；剑龙类2属2种，个体中、大型，包括巨棘龙、沱江龙等。

自贡恐龙动物群的发现填补了恐龙研究中缺少的侏罗纪早、中期恐龙由原始到进化演变的关键时期，对研究恐龙及其相关古动物的系统演化、生理特征、生活环境等具有十分重大的科学价值。

热河生物群

热河生物群是约1.4亿~1.2亿年前生活在东亚地区的一个古老的生物群。以中国辽西义县、北票、凌源等地区为主要产地。该生物群曾以狼鳍鱼、东方叶肢介、三尾拟蜉蝣为代表。近十几年来，辽西热河生物群大量珍稀化石相继发现，如带羽毛恐龙（中华龙鸟、尾羽龙和中国鸟龙），原始鸟类（如华夏鸟、孔子鸟和原羽鸟），早期真兽类哺乳动物（张和兽、热河兽）以及迄今最早的花——辽宁古果等。

热河动物群至少包括了腹足类、双壳类、叶肢介、介形虫、蛛形类、昆虫、鱼类、两栖类、龟鳖类、离龙类、有鳞类、翼龙、恐龙、鸟类和哺乳动物等主要门类。热河植物群植物化石迄今已经发现至少50余属100余种，包括苔藓、蕨类、银杏、苏铁、松柏类和开花的早期被子植物。

▶ 热河生物群

辽西发现的热河生物群的化石几乎囊括了中生代向新生代过渡的所有生物门类，对研究热河生物群起源、鸟类起源（包括羽毛起源）、真兽起源、被子植物起源及昆虫与有花植物的协同演化等重大理论问题，提供了极为宝贵的化石依据。因此，热河生物群被誉为“20世纪全球最重要的古生物发现之一”，世界级化石宝库，中生代的庞贝城。

山旺古生物化石群

山旺化石产地，位于山东省临朐县城东北22 km处的山旺村东，是国家重点自然保护区，因地下蕴藏着大量形成于1 800万年以前的古生物化石而驰名中外，被称为“古生物化石的宝库”。2001年底国土资源部批准设立“山旺国家地质公园”。

▶ 山旺古生物化石群

至今山旺已发现硅藻、孢粉、裸子植物、被子植物、昆虫、鱼、两栖、爬行、鸟和哺乳动物等十几个门类，700余属种，2万余件化石。植物化石包括藻类、苔藓、蕨类、裸子植物和被子植物，其中以植物的树叶最多，花、果实和种子的化石保存也十分精美，有的还保存了原来的色彩。无脊椎动物化石主要以昆虫为主，目前昆虫化石已研究的有400余种。脊椎动物化石中鱼类最丰富，主要包括鲤形目和鲈形目两大类。两栖类化石有玄武蛙、树蛙、雨蛙，也有蟾蜍、蝾螈和大量的蝌蚪和正在变态过程中的带尾巴的幼蛙化石。爬行类的有龟鳖类、鳄类、蛇类。山旺的硅藻土页岩轻松细腻，为鸟类化石的保存提供了有利条件，鸟类化石有山旺山东鸟、临朐鸟、中华河鸭、齐鲁泰山鸟等完整的标本，其中山旺山东鸟是中国首次发现的第一个完整的鸟化石。哺乳动物化石中有迄今世界上唯一的保存最好的东方祖熊完整骨架；有体型庞大的食肉动物犬熊和豺熊化石；有无角犀化石、三角原古鹿、柄杯鹿化石；还有翼膜尚在的蝙蝠和须毛犹存的硅藻鼠化石等。

山旺化石藏于硅藻土页岩内，该处的硅藻土沉积厚度约为25 m，由于层薄如纸，稍加风化即层层翘起，宛若书页，古人形象地比喻为“万

卷书”，大量古生物化石含在其中，已成为国际上中新世生物建阶的重要依据。

和政古动物化石群

▶和政古动物化石群

和政县所在的临夏盆地处于青藏高原与黄土高原交汇地带，发育并出土距今约3 000万年以来的新生代陆相沉积古动物化石，其中富含哺乳动物化石。在临夏盆地中，和政县、广河县和东乡县是产哺乳动物化石的主要地区，同时临夏市、临夏县和积石山县也有不少化石点。古生物学家将这一片哺乳动物化石的产地统称为和政地区。中国科学院的古生物学家们已在和政地区发现了大量的哺乳动物化石，包括晚渐新世的巨犀动物群、中中新世的铲齿象动物群、晚中新世的三趾马动物群和早更新世的真马动物群，尤其以三趾马动物群最为丰富。和政地区是世界上最大的一个晚新生代，特别是三趾马动物群时代的哺乳动物化石产地。

和政地区古动物化石资源丰富，占据6项世界之最：世界上独一无二的和政羊、世界上最大的三趾马动物群、世界上最丰富的铲齿象化石、世界上最早的披毛犀化石、世界上最大的马——埃氏马、世界上最大的鬣狗——巨鬣狗。2003年9月，和政古动物化石一期馆建成开馆，共展出古动物化石标本1 135件，收藏古动物化石1.2万多件。分属爬行纲和哺乳纲的6目60多个属种，其中绝大部分是保存完好的头骨和牙床。和政古动物化石群的发现，填补了我国哺乳动物化石群收藏、研究的空白，不论在数量、品种还是在质量上，都可以与美国、瑞典等国家博物馆的馆藏相媲美，具有极高的科研、收藏和展览价值，引起了国内外古生物学界的广泛关注。

无脊椎动物

蜓 *Fusulinids*

分类地位：有孔虫亚纲、蜓目
化石产地：贵州凯里、甘肃临夏等全国各地
地质年代：早石炭世晚期—— 二叠纪末
生活环境：栖居海底或营漂浮生活
典型大小：体长3~6 mm

▶ 自然风化出来的蜓个体

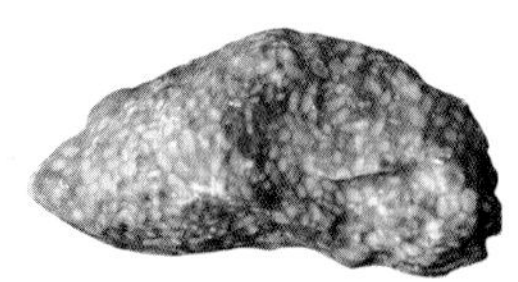

▶ 含有蜓的灰岩

蜓壳小，一般长3~6 mm，微小的不及1 mm，最大的可达60 mm。蜓又称“纺锤虫”。壳为钙质，外壳有凸镜形、纺锤形、圆球形、圆柱形等，一般以纺锤形最为常见。“蜓”（原字应加上竹字头）字由李四光在研究该动物时创立。

蜓是一类单细胞动物，壳的中心为一圆形初房。初房之外有许多壳室，围绕初房包卷，构成许多壳圈。壳室外壁相连而成旋壁，旋壁折向壳体中心部分为隔壁。壳室即由隔壁分隔壳圈而成。高等蜓在壳室内还有较短的轴向及旋向二组副隔壁。旋壁构造各类分化程度不同，有致密层、原始层、透明层、蜂巢层、疏松层等，是蜓分类的重要依据之一。每一隔壁中央近底部有一长方形或半圆形孔，各个隔壁底部的孔相连而成用以沟通各个壳室的通道，有的蜓具有几个通道，称复通道。通道两侧的堤状堆积物称为旋脊。高等蜓的隔壁底部常具有一列圆孔，名为列孔。列孔之间的堤状堆积物称为拟旋脊。有些䗴体内，在初房两侧至两极之间，沿中轴方向布有次生钙质堆积物，名为轴积。

䗴属微古生物学研究范畴，一般须磨制轴切面及中切面在显微镜下观察。䗴是石炭纪、二叠纪的重要标准化石之一。

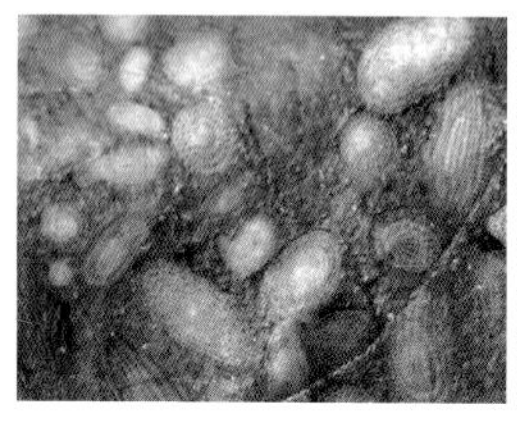

䗴1

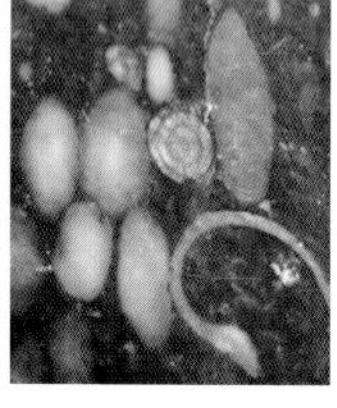

䗴2

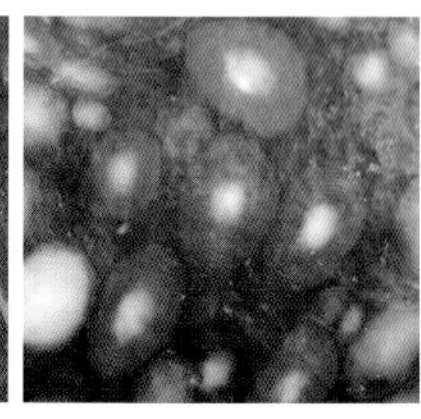

䗴3

海绵动物

斗篷海绵 *Choia*

分类地位：单轴海绵目、斗篷海绵科
化石产地：云南 海口
地质年代：早寒武世
生活环境：海底固着底栖生活
典型大小：盘体直径2 cm

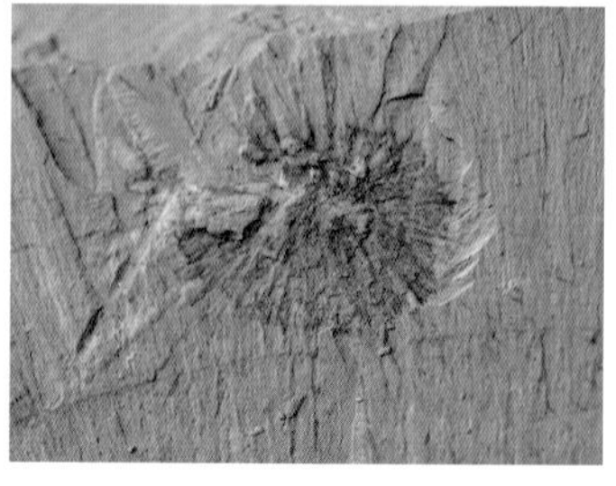

斗篷海绵

斗篷海绵体中等大小，呈椭圆球形，约20 mm，盘体由单轴骨针呈放射状排列组成，主要为密集的细小骨针，另外可见粗大骨针由盘体中央延伸到盘体之外，直径可达0.2 mm，可延伸出盘体边缘20 mm以上。

网格拟小细丝海绵 *Paraleptomitella dictyodroma*

分类地位：网针目、细丝海绵科
化石产地：云南 海口
地质年代：早寒武世
生活环境：海底固着底栖生活
典型大小：体长5 cm

▶ 网格拟小细丝海绵

海绵体角椎形，近顶端收缩成椎状，体壁由单轴针状双尖骨针组成，较大的纵向骨针分布于外骨层，弯弓状，交错排列成网眼状。横向单轴骨针呈束状排列，束与束之间间距约1 mm，近顶端成束性不明显，每一束的横向骨针数一般为4～5根。

层孔虫 *Stromatoporoidea*

分类地位：层孔虫纲、层孔虫目
化石产地：广西 南宁
地质年代：早泥盆世
生活环境：生活在温暖、光照条件较好、水动力较强的浅海中
典型大小：共骨大小自数mm至1 m

层孔虫最早出现于早奥陶世晚期，至白垩纪完全绝灭，因其共骨的表面呈层状而得名。层孔虫是一类营群体生活的海洋底栖动物，常与珊瑚、藻类大量聚集在一起而形成生物礁，是重要的造礁生物之一，也是重要的指相化石，可以显示礁体的生态环境，这类礁体通常是重要的油气储存场所。层孔虫群体的骨架称共骨，可以有各种形状，如块状、层状、球状、锥状、透镜状等，还有一些为树枝状、圆柱状，大小变化很大。内部构造主要由纵向骨素的支柱和横向骨素的细层或泡沫板组成。

▶ 层孔虫1

▶ 层孔虫2

苔藓虫 *Bryozoa*

分类地位：苔藓动物门、苔藓虫纲
化石产地：贵州遵义、广西南宁等全国各地
地质年代：早奥陶世——现代
生活环境：固着海底或其他物体上生活
典型大小：个体一般不超过1 mm，群体从数毫米至数百毫米

▶ 苔藓虫1

无脊椎动物，外形很像苔藓植物，所以称苔藓虫。所有的苔藓虫都是由许多个体组成的群体，所以也称群虫。群体的骨骼部分称硬体，多为钙质，或为几丁质，可保存化石，也有极少数没有硬体。硬体由许多个体分泌的虫室组成，外形呈树枝状、块状、球状、半球状、薄片状及网状等。表面常具尖峰、突起或斑点等。虫室管状，有的具口盖。虫室内常具横板和泡沫板，室口壁上有时具月牙构造。虫室紧密排列，或在其间充满着泡沫状组织或许多间隙孔的小管，间隙孔横断面大多呈多边形，内部也有横板。虫室之间或虫室与间隙之间的体壁上常有中空或实心的黑色小管，称为刺孔。

苔藓虫个体很小，属微古生物学研究的范畴，需要制作切面在显微镜下观察。苔藓虫分布极广，常与珊瑚、腕足类等共生。中国奥陶纪至三叠纪海相地层中均发现有苔藓虫化石，晚古生代地层中较为丰富。

▶ 苔藓虫2

▶ 苔藓虫3

蠕虫动物

晋宁环饰蠕虫 *Cricocosmia jinningensis*

分类地位：古蠕虫科、环饰虫属

化石产地：云南 海口

地质年代：早寒武世

生活环境：浅海营潜穴生活，以食沉积物为主

典型大小：体长6 cm

▶ 晋宁环饰蠕虫

虫体较长，呈圆管状。吻部向前翻出，前端为咽，中部为小疣，后部为吻颈、吻刺和吻疣。躯干体环显著而平直，前部体环细而密，每1 mm有4个体环，体环上光滑无饰。主躯干体环纵向较宽，每1 mm有2～3个，体环上有一对环形突起。尾端具一钩状小刺。

粗纹岗头村虫 *Gangtoucunia aspera*

分类地位：古蠕虫科、岗头村虫属

化石产地：云南 昆明

地质年代：早寒武世

生活环境：浅海营潜穴生活，以食沉积物为主

典型大小：体长8 cm

▶ 粗纹岗头村虫

虫体大而长，圆筒状，已压扁，略弯曲延伸，表面为橙黄色。躯干宽度均匀，向后略变窄，每5~7 mm内有一条较粗的横纹，两条粗纹之间有10条细横纹。头部呈圆形，较粗大；尾部略卷曲，宽度略变细。躯干后部横纹亦变细。

腔肠动物

拖鞋珊瑚尖锐状亚种 *Calceola sandalina subsp*

分类地位：拟泡沫珊瑚目、方锥珊瑚科
化石产地：广西 柳州
地质年代：中泥盆世
生活环境：生活于温暖的浅海
典型大小：体长 2 cm

▶ 拖鞋珊瑚尖锐状亚种

属四射珊瑚。小型拖鞋状珊瑚，顶角尖锐状，在本种内属窄长形，底面平坦，个体外壁上发育纤细的生长纹及纵肋，时而也发育粗壮环褶，对隔壁明显。

蜂巢珊瑚 *favosites*

分类地位：蜂巢珊瑚目、蜂巢珊瑚科
化石产地：广西 南宁
地质年代：早泥盆世
生活环境：生活于温暖的浅海
典型大小：个体体径2 mm

属床板珊瑚。块状复体，外形半球状，扁平状和不规则状，形同蜂巢。个体呈多边形，体壁紧邻。壁孔呈纵排分布。床板完整较薄，一般为水平状。隔壁构造为成排的壁刺或壁瘤。

▶ 蜂巢珊瑚

笛管珊瑚 *Syringopora*

分类地位：笛管珊瑚目、笛管珊瑚科
化石产地：广西　桂林
地质年代：早石炭世
生活环境：浅海相灰岩沉积环境
典型大小：个体体径1.5 mm

笛管珊瑚

属床板珊瑚，丛状群体。个体呈细圆柱状，有连接管连接，直径一般比个体直径小，分布不规则。床板为漏斗状，具有断续的轴管。体壁较薄，壁刺发育或不发育。

喇叭孔珊瑚 *Aulopora*

分类地位：喇叭孔珊瑚目、喇叭孔珊瑚科
化石产地：广西　南宁
地质年代：早泥盆世
生活环境：生活在温暖的浅海里
典型大小：个体长1.2 cm

附着在蜂巢珊瑚上面的喇叭孔珊瑚

属床板珊瑚。群体由小型喇叭状个体组成，呈线状伸展或交织如网状，群体底面常附着在其他生物体上。个体杯部稍上翘，呈圆锥状，口部稍收缩如杯状，床板斜列通常不存在。个体发育隔壁刺或隔壁瘤。

链珊瑚 *Halysites*

分类地位：链珊瑚目、链珊瑚科
化石产地：湖北 宜昌
地质年代：中奥陶世
生活环境：生活在有礁石的温暖浅海里
典型大小：个体长径1.5 mm

▶ 链珊瑚

属床板珊瑚，丛状复体。个体排列呈栅栏状，每个个体呈圆柱形。从横切面来看，它们呈链状，链有直，有弯曲，把珊瑚单体分开或连接起来，并在单体间形成一个小空间。个体断面圆形或椭圆形。没有隔膜，壁厚、横隔数目众多，多为扁平。

贵州拟轮盘水母钵 *Pararotadiscus guizhouensis*

分类地位：仅发现一属一种，高级分类位置未定
化石产地：贵州 凯里
地质年代：中寒武世
生活环境：在浅海中漂游生活
典型大小：直径7 cm

圆盘状个体。背面凸起，中等程度钙化，分为中心环、内环及外环三部分，具有放射及同心状装饰，内带及外带的装饰有差别，大约40条辐管由中心环向盘体边缘辐射，并在盘体的外带形成次一级的辐管。辐管之间有隔膜相隔，位于背部内层。腹边柔软，是动物体的口部。部分标本显示发育的黑色弯曲肠道状消化道，呈右旋，左边为发育的分叉的触手及口，右肠道末端为肛门。

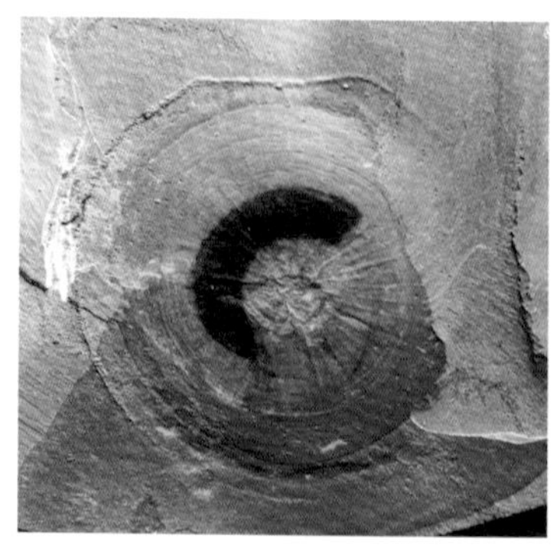

▶ 贵州拟轮盘水母钵

笔石动物

树笔石 *Dendrograptus*

分类地位：树形笔石目、树笔石科
化石产地：贵州 遵义
地质年代：中奥陶世
生活环境：营海洋漂浮生活
典型大小：体高5 cm

树笔石体始部具有茎和根状构造，呈树形；分枝不规则，枝间无横耙和绞结物连接；胞管有正胞管、副胞管及茎胞管3种；胞管排列呈锯齿状，正胞管为管状或部分孤立，副胞管形状不定。

▶ 树笔石

网格笔石 *Dictyonema*

分类地位：树形笔石目、树笔石科
化石产地：贵州 遵义
地质年代：中奥陶世
生活环境：营海洋漂浮生活
典型大小：体高10 cm

网格笔石体呈锥形或盘形，胎管露出或包围在根状的构造里；笔石枝为正分枝，各枝平行或近于平行，枝间有横靶连接，形成网格状；胶结少或无；正胞管为直管状，侧面呈锯齿状，副胞管的形式无定。

▶ 网格笔石

刺笔石 *Acanthograptus*

分类地位：树形笔石目、刺笔石科
化石产地：贵州 遵义
地质年代：中奥陶世
生活环境：营海洋漂浮生活
典型大小：体高4 cm

▶ 刺笔石

刺笔石体为灌木状，分枝不规则。胞管细长，几个胞管互相紧靠，形成芽枝，左右排列，骤视之，好像枝上生刺。

叉笔石 *Dicellograptus*

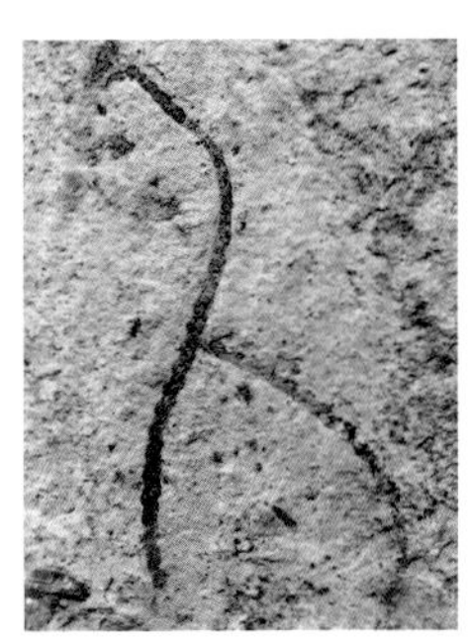
▶叉笔石

分类地位：正笔石目、双头笔石科
化石产地：湖北 京山
地质年代：晚奥陶世
生活环境：营海洋漂浮生活
典型大小：枝长3 cm

笔石体具两个笔石枝，两枝上斜生长呈叉状。胞管曲折，口部向内转曲，口穴显著，即叉笔石式胞管。

栅笔石 *Climacograptus*

▶栅笔石

分类地位：正笔石目、双笔石科
化石产地：湖北 京山
地质年代：晚奥陶世
生活环境：营海洋漂浮生活
典型大小：体长4 cm

笔石体直，双列，横切面呈卵形。胞管强烈弯曲，腹缘作"S"形曲折，形成方形口穴，即栅笔石式胞管。

直笔石 *Orthograptus*

▶直笔石

分类地位：正笔石目、双笔石科
化石产地：湖北 宜昌
地质年代：中奥陶世
生活环境：营浅海漂浮生活
典型大小：体长6 cm

两枝向上攀合，形成双裂胞管的笔石体，横切面近方形，胞管为均分笔石式。腹缘直或微弯曲，常具有口刺。

塔形螺旋笔石 *Spirograptus turriculatus*

分类地位：正笔石目、单笔石科
化石产地：广东 郁南
地质年代：早志留世
生活环境：营浅海漂浮生活
典型大小：体高3 cm

▶ 塔形螺旋笔石

笔石体作螺旋形旋转，构成圆椎形，胎管位于椎体的尖端。胎管的尖端到达第二个胎管的顶端，枝的平均宽度为1 mm。胞管具有更发育的口刺，长2 mm，掩盖1/2。在10 mm内有12个胞管。

腕足动物

澄江小舌形贝 *Lingulella chengjiangensis*

▶ 澄江小舌形贝

分类地位：舌形贝目、圆货贝科
化石产地：云南 海口
地质年代：早寒武世
生活环境：营半内栖的穴居生活
典型大小：体长1.2 cm

背壳小，三角形。壳薄，矿化程度低，表面具密集分布细的生长纹。胎壳呈圆形，直径1 mm，腹壳假铰合面高，由顶端伸出一长的肉茎，肉茎长一般为壳长的2~3倍，最长的可达15倍，直径1~1.5 mm，表面具横皱纹。腹壳内有一呈盾形的肌痕区，顶肌痕呈心形，中央肌痕呈小三角形。

马龙鳞舌形贝 *Lingulepis malongensis*

分类地位：舌形贝目、圆货贝科
化石产地：云南 昆明
地质年代：早寒武世
生活环境：营半内栖的穴居生活
典型大小：体长8 mm

▶ 马龙鳞舌形贝

壳小，长卵形，侧边缘的后部较直。腹壳的壳顶角较小，30°～60°，背壳的壳顶角较大，45°～70°，两壳表面均有宽度不规则、不连续的壳线，壳线较粗，前端具壳刺。腹壳假铰合面凹陷，类假三角板窄。背壳内部有一扇形的肌痕，以中脊分为两部分，后侧部有一对侧脊。

圆货贝 *Obolus*

分类地位：舌形贝目、圆货贝科
化石产地：山东 费县
地质年代：中寒武世
生活环境：海底营洞穴生活
典型大小：体长7 mm

▶ 圆货贝

圆形或圆卵形，侧视近于双凸型。肉茎区肥厚。腹壳向后方缓步收缩，作钝角状。背壳近乎圆形。壳面具有同心纹和细弱的放射线。

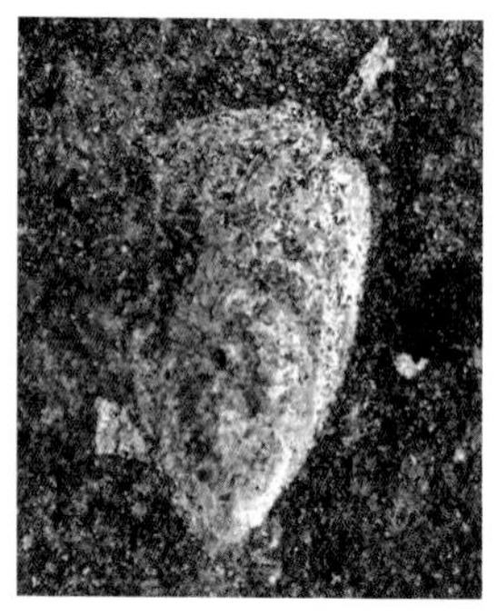
▶ 舌形贝

舌形贝 *Lingula*

分类地位：舌形贝目、舌形贝科
化石产地：广西 南宁
地质年代：早泥盆世
生活环境：海底钻孔穴居
典型大小：体长1 cm

舌形贝，俗名海豆芽，是世界上已经发现生物中历史最久的腕足类海洋生物。壳呈舌形或长卵形，后缘尖缩，前缘平直。两壳凸度相似，腹壳略长。腹壳假铰合面上有一个三角形的凹沟。壳壁脆薄，几丁质和磷灰质交互成层。壳面具油脂光泽，饰以同心纹。

珍稀乳房贝 *Acrothele rara*

分类地位：舌形贝目、乳房贝科、
化石产地：云南 昆明
地质年代：早寒武世
生活环境：营半内栖的穴居生活
典型大小：体长1 cm

贝壳中等大小，次圆形。背壳有一窄的中脊，由后部一直延伸至壳的中部，在背壳印模上显示一明显的中槽，背壳表面具有明显的同心线。腹壳后端具有明显的壳喙，但较小。背壳微隆起，腹壳较平。

▶ 珍稀乳房贝

纯真滇东贝 *Diandongia pista*

▶ 纯真滇东贝

分类地位：舌形贝目、博茨福徒贝科
化石产地：云南 昆明
地质年代：早寒武世
生活环境：营半内栖的穴居生活
典型大小：体长1 cm

壳体双凸，中等大小，横卵形。背壳较凸，壳面饰以同心纹，前部具很细的放射纹，后部具粗而稀疏的放射纹。

东方日射贝 *Heliomedusa orienta*

▶ 东方日射贝

分类地位：头盔贝目、头盔贝科
化石产地：云南 海口
地质年代：早寒武世
生活环境：营海洋底栖生活
典型大小：体长2 cm

双凸型，贝壳圆形至次圆形。壳薄，背壳凸，全缘生长，腹壳混合边缘生长、腹壳假铰合面发育，两壳均具有长形的板状肌痕，外套膜为一对由背壳假铰合面两侧端延至中部的耙状印痕组成，体腔的侧部及前端具有30对放射状的细沟。

喀图金艾苏贝 *Nisusia katujensis*

分类地位：正形贝目、艾苏贝科
化石产地：贵州 凯里
地质年代：早寒武世
生活环境：陆棚区海底栖息生活
典型大小：体长1 cm

壳体较小，扇形。铰合线处为壳体最大宽度。近于翼状。三角洞孔

▶ 喀图金艾苏贝

开，两侧有粗大而长的肌痕。铰合面正倾型。具有粗壮的放射脊，分叉少和同心生长线发育，使部分放射脊顶处呈瘤突状。

简单雕正形贝 *Glyptorthis simplex*

分类地位： 正形贝目、正形贝科
化石产地： 贵州 遵义
地质年代： 中奥陶世
生活环境： 固着于海底栖息生活
典型大小： 体长2 cm

▶ 简单雕正形贝的模核化石——内核

贝体较大，轮廓近方形，绞合线平直，等于或稍狭于最大壳宽，主端近直角；侧影双凸型，腹壳具微强的凸度；壳线粗强，棱形、密型、次生壳线有分枝式，亦有插入式；迭瓦状的壳层较微弱。腹壳均匀而缓慢的凸隆，最高凸度位于纵中线，顶部凸隆。腹窗腔深，铰齿强大，筋痕面心脏形。背壳坦平凸隆，沿中线凹陷，形成一中槽。

低平兰婉贝 *Levenea depressa*

分类地位：正形贝目、德姆贝科
化石产地：广西　南宁
地质年代：早泥盆世
生活环境：在陆棚区浅海环境底栖生活
典型大小：体长1.8 cm

▶ 低平兰婉贝

贝体中等大小，轮廓呈方形，主端锐圆，前侧缘阔圆。壳宽大于壳长。壳线阔棱形，分枝多。侧视双凸形，腹壳凸度缓平，沿纵中线壳面高凸，成为一个不显著的长狭中隆。背壳前视凸度平缓，中槽发育，自喙部显露达前缘时约等于壳宽的1/3。铰合面正倾形，较矮。

中华东方搁板贝 *Eosophragmophora sinensis*

分类地位：正形贝目、德姆贝科
化石产地：广西　南宁
地质年代：早泥盆世
生活环境：在陆棚区浅海环境底栖生活
典型大小：体长1.2 cm

▶ 中华东方搁板贝

贝体中等，侧貌腹双凸型。腹壳凸度约为背壳的两倍左右，背壳缓凸，最凸处位于背壳后面，前方壳面平坦，纵中线发育一个浅阔的凹槽。同心状纹饰缺失或细弱，前缘附近偶见1~3条同心层。

扬子贝 *Yangtzeella*

▶ 扬子贝

分类地位：五房贝目 扬子贝科
化石产地：湖北 宜昌
地质年代：晚奥陶世
生活环境：生活于潮间带到较深水斜坡
典型大小：体长3 cm

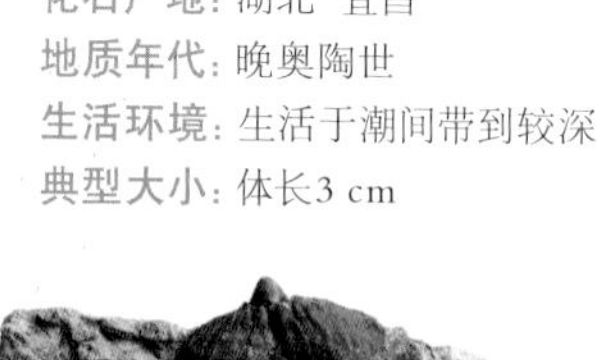

▶ 扬子贝的模核化石—内核

壳体近方圆形，铰合线稍短于最大壳宽。两壳双凸型，背壳凸度稍大。腹壳铰合面较高，三角孔洞开。中槽深凹，前端作舌状突伸。中隆显著。壳面光滑，仅具同心纹。腹壳内齿板联合而成匙形台，后部固着，前端支有中隔脊，背壳内腕房为一横板托起，其后下方支以一对或两对副隔板。两壳内部各有数条窄隆脊。

双腹扭形贝 *Dicoelostrophia*

分类地位：扭月贝目、齿扭贝科
化石产地：广西 南宁
地质年代：早泥盆世
生活环境：在陆棚区浅海环境底栖生活
典型大小：体长2 cm

▶ 双腹扭形贝

贝体中等至大型，轮廓肺叶形。铰合线直，内缘具完整的副铰齿。主端向两侧强烈突伸，呈纯针状。侧视狭薄，凸凹形。沿两壳纵中线都有一个深槽。腹壳铰合面高，斜倾至下倾型。背壳铰合面低，下倾型。两壳的三角孔均复有凸起的假窗板，壳纹较密细，作分枝式的增加。

美丽蕉叶贝 *Leptodus nobilis*

▶ 美丽蕉叶贝

分类地位：长身贝目、欧姆贝科
化石产地：贵州 贵阳
地质年代：早二叠世
生活环境：生活于海底
典型大小：体长9 cm

贝体大。轮廓不规则，一般为长卵形。腹壳近平或略凸，壳面光滑，具有细密的同心纹。侧隔板较厚，为数在20以上，板顶平坦，微略向前凸起。背壳内的侧叶平坦，与中叶直交，与侧缘斜交成60°~70°的交角。

长身贝 *Productus*

分类地位：长身贝目、长身贝科
化石产地：广西 桂林
地质年代：早石炭世
生活环境：海底附着在他物之上生活
典型大小：体长3 cm

贝体轮廓狭长，铰合线直而短。腹壳高凸，中部壳面膝曲，拖拽部较长。背壳体腔略平或微凹。壳面上有密集的壳线，偶见在前缘附近的壳面上呈束状。同心线不强，在体腔区壳面上与壳线成网格状。壳面常有针刺，借以附着在他物上。

▶ 长身贝1

▶ 长身贝2

副清洁神房贝 *Latonotoechia parasappho*

分类地位：小嘴贝目、嘴孔贝科
化石产地：广西 南宁
地质年代：早泥盆世
生活环境：在陆棚区浅海环境底栖生活
典型大小：体长2 cm

▶ 副清洁神房贝1

贝体轮廓变化较大，但壳宽恒大于壳长，最大宽度位于贝体横中线的稍前方。贝体偶有不对称现象。未成年贝体的两壳凸度近相等，成年与老年期标本则背壳凸度稍大于腹壳。腹壳喙直或近直伸，偶有弯曲。中隆中槽在幼年体比较微弱，成年和老年期的贝体则中隆高凸，前舌特别发育。槽内以具四褶的标本最多，其次是三褶，侧区的褶数以7~8条为常见。

▶ 副清洁神房贝2

无洞贝 *Atrypa*

分类地位：无洞贝目、无洞贝科
化石产地：云南 施甸
地质年代：中泥盆世
生活环境：群体海洋生活
典型大小：体长3 cm

壳近圆形或长卵形。铰合线直而短，主端圆。背双凸式或两壳凸度相等。铰合面无或只微弱发育。壳面饰以显著的壳线或壳褶，并有显著的同心线。无齿板。腕螺旋卷约18周左右。

▶ 无洞贝

巨大无窗贝 *Athyris grandis*

▶巨大无窗贝1

分类地位： 无窗贝目、无窗贝科
化石产地： 广西　南宁
地质年代： 早泥盆世
生活环境： 在陆棚区浅海环境底栖生活
典型大小： 体长5 cm

壳体巨大，近横长方形，最大壳宽约位于横中线，双凸型。腹壳凸起平缓，中槽自壳顶区前方开始出露，形成一个舌状体。喙部小，强烈弯曲几与背壳顶部相接触。背壳凸度远大于腹壳，中隆狭，隆升不高，隆顶圆形，喙部强烈弯曲，隐掩在腹壳窗孔之下。

▶巨大无窗贝2

唐氏等准无窗贝 *Parathyrisina tangnae*

分类地位： 无窗贝目、准无窗贝科
化石产地： 广西　南宁
地质年代： 早泥盆世
生活环境： 在陆棚区浅海环境底栖生活
典型大小： 体长1.5 cm

贝体中等大小，轮廓横圆，宽总大于壳长。侧褶粗疏，常见为4～5条。侧视近等双凸型。茎孔大，缺失窗双板，后转面狭小。腹中槽背中隆发育，槽内与隆上无放射状褶饰，全壳还覆以迭瓦状的同心层，中后部均匀，前部密集。

▶唐氏等准无窗贝

弓石燕 *Cyrtospirifer*

分类地位：石燕目、弓形贝科
化石产地：广西 柳州
地质年代：晚泥盆世
生活环境：生活在松软的海底
典型大小：体长4 cm

▶ 弓石燕1

壳近方形，壳的最大宽度位于铰合线上。双凸形。铰合面低矮。中槽与中隆均发育良好。中槽内及中隆上的壳线比较密集，侧区壳线较粗，简单不分枝。全部壳面均有放射状排列的细瘤延伸而成的细放射纹。

▶ 弓石燕2

东京巅石燕 *Acrospirifer tonkinensis*

分类地位：石燕目、窗孔贝科
化石产地：广西 南宁
地质年代：早泥盆世
生活环境：在陆棚区浅海环境底栖生活
典型大小：体长5 cm

通体十分横长，两侧成翼状，并迅速狭缩成细长而锐利的主端。壳长等于壳宽的1/3。铰合线直。背壳凸度稍大于腹壳，中隆显著，向前延伸，略超过前缘，被腹壳中槽的长大延伸体所截接，横切面半圆形。腹壳喙缓和升凸。每壳侧区各有7~8个强大、棱形的壳褶，全壳均复有显著的生长纹。

▶ 东京巅石燕1

▶ 东京巅石燕2

常见喙石燕 *Rostrospirifer increbescens*

分类地位：石燕目、窗孔贝科
化石产地：广西 南宁
地质年代：早泥盆世
生活环境：在陆棚区浅海环境底栖生活
典型大小：体长7 cm

贝体横宽展翼，凸度较强，槽深隆高，前舌长，饰褶粗壮而稀少，侧翼各6~7条，近中央的3~5条尤为粗壮，近主端处还有2~3条细弱的饰褶，同心层密集而显著。

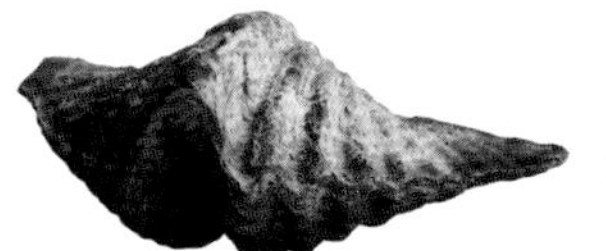

▶常见喙石燕1

▶常见喙石燕2

鸮头贝 *Stringocephalus*

分类地位：穿孔贝目、鸮头贝科
化石产地：广西 柳州
地质年代：中泥盆世
生活环境：群体生活于海底
典型大小：体长10 cm

鸮头贝在腕足化石中个体最大。壳大，近圆形，双凸，腹瓣凸度稍高，铰合线短弯。喙部高凸，尖锐，而向背方作勾状弯曲，形似鸮喙。三角孔覆有三角双板，壳面光滑无饰纹。

▶鸮头贝

软舌螺动物

马龙线带螺 *Linevitus malongensis*

▶ 马龙线带螺

分类地位：中槽螺目、线带螺科

化石产地：云南　昆明

地质年代：早寒武世

生活环境：生活在陆缘海中浮游或底栖

典型大小：体长1.2 cm

壳小，呈三角锥形，壳顶尖锐，向壳口迅速扩大，生长角30°，横切面扁圆形。腹侧中部具脊状凸起，向口端迅速变圆，侧脊尖锐，侧脊与中线之间略下凹，壳口宽。背侧平缓凸起，无脊状构造。

圆管螺 *Circotheca*

分类地位：直管螺目、圆管螺科

化石产地：贵州　凯里

地质年代：早寒武世

生活环境：生活在陆缘海中浮游或底栖

典型大小：体长2 cm

▶ 圆管螺

壳体中等大小，壳顶尖细，向壳口徐徐扩张，外形圆锥状。壳口口缘平或微斜，横切面圆形或近圆形。壳表面光滑或具纵、横生长线。口盖低锥状，盖底圆形，口盖外表光滑或饰有生长线。

软体动物

台江拉氏螺 *Latouchella taijiangensis*

分类地位：弓锥目、太阳女神螺科
化石产地：贵州 凯里
地质年代：中寒武世
生活环境：生活于海洋温暖透光的陆棚区
典型大小：体长3 cm

单板纲动物。壳体中等大小，弓锥形。壳顶较钝，向前凸起，平行于壳口前缘。壳体前侧面呈一微凹的曲面。背侧呈弓形拱凸，较宽缓。旁侧宽圆，较陡。壳面具有6～9条宽的同缘褶，褶间隙宽凹，但其宽度在壳体侧、后方小于同缘褶宽度。所有同缘褶的宽度一般都是在壳体后侧最大，向前变窄变低，逐渐收缩于壳体前缘，显示一椭圆形的口部。

▶台江拉氏螺

链房螺 *Hormotoma*

分类地位：古腹足目、链房螺科
化石产地：贵州 凯里
地质年代：中志留世
生活环境：海洋底栖移游生活
典型大小：体长2 cm

▶链房螺

腹足动物。壳体细长，螺塔高，为五六个螺环所构成。内膜的环外侧多呈圆形，保存完整的螺环中部有一条不明显的裂带，裂带的上下两侧均呈圆形。

腹足类 Gastropods

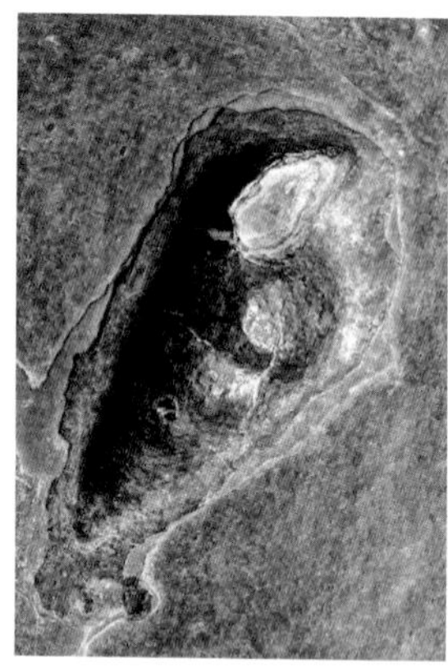
▶腹足类

分类地位：腹足纲、古腹足目
化石产地：云南 罗平
地质年代：中三叠世
生活环境：栖息于浅海区，移游生活
典型大小：体长3 cm

腹足动物。腹足纲是软体动物门中物种最多的一个纲，因为它的足特别发达，位于身体的腹面，故称腹足类，通常它有一个螺旋形的壳。此标本是罗平生物群的腹足类化石，未定种。

李氏中华黑螺 *Sinomelania leei*

分类地位：中腹足目、黑螺科
化石产地：广西 南宁
地质年代：渐新世
生活环境：生活于淡水湖泊环境
典型大小：体长3 cm

腹足动物。螺壳峨螺形，坚厚，由5个螺环组成，螺塔高，体螺环骤然胀大。壳面饰有瘤状突起及横脊。体环具有明显粗大的横肋，横肋之间尚有细横纹。壳口斜，长卵形，外唇内侧有两个瘤状突起，其外侧具一横肋。内唇具厚的壳质，其上有齿状突起一个。

▶李氏中华黑螺1

▶李氏中华黑螺2

鱼鳞蛤 *Daonella*

分类地位：弱齿目、海燕蛤科

化石产地：贵州 关岭

地质年代：晚三叠世早期

生活环境：生活于浅海，以足丝附着在珊瑚、苔藓或漂浮的物体上营假浮游生活。

典型大小：体长5 cm

双壳动物。壳薄，半圆形，等壳。喙近中央或略靠前，铰喙直长，无齿，无耳，无足丝凹口。具放射饰，常粗细相间或分叉。

▶ 鱼鳞蛤

海燕蛤 *Halobia*

分类地位：弱齿目、海燕蛤科

化石产地：贵州 关岭

地质年代：晚三叠世早期

生活环境：生活于浅海，以足丝附着在珊瑚、苔藓或漂浮的物体上营假浮游生活。

典型大小：体长1.5 cm

双壳动物。壳薄，半圆形，等壳。壳体略凸到扁平，两侧稍不等。壳顶位近中央或稍前，壳嘴前转，但不尖突。壳面有放射壳饰和同心壳饰。铰线长直，无齿。长形的韧带区上有纵长的韧带槽。有清晰的前耳，无足丝凹口。

▶ 海燕蛤

▶克氏蛤

克氏蛤 *Claraia*

分类地位：弱齿目、假髻蛤科
化石产地：浙江 长兴
地质年代：早三叠世
生活环境：海洋底栖生活
典型大小：体长2 cm

双壳动物。壳圆或卵圆形，左壳凸，右壳平，喙位于前方，铰缘直而短于壳长，前耳小，足丝凹口明显，后耳较大，与壳体逐渐过渡。壳面具同心线，放射发育较差。早三叠世的标准化石之一。

▶血石蛤

血石蛤 *Sanguinolites*

分类地位：贫齿目、绘纹蛤科
化石产地：广西 南宁
地质年代：晚泥盆世
生活环境：生活于海洋环境
典型大小：体长2.5 cm

双壳动物。壳横长，不等侧。壳顶小，穹而内曲，位近前端。小月面及盾纹明显。壳顶脊圆。壳面具同心圈等纹饰，于壳顶脊之后减弱。前闭肌痕大而深，其后边以一隆脊为界。后闭肌痕浅，位近铰边。无齿。无外套湾。

船蛆 *Teredo*

分类地位：海螂目、船蛆科
化石产地：新疆 奇台
地质年代：晚侏罗世
生活环境：群居于漂浮或沉没的木材之中
典型大小：体长10 cm

双壳动物，多数凿木居住。壳白色，具带锯齿的圆凸形壳，只遮住身体前端一小部分，身体其余部分细长，管状。由于壳肌的伸缩，贝壳每分钟可以旋转8～12次，利用壳面上的锉状嵴将木材锉下，船蛆常与硅化木保存在一起，形成带虫硅化木。

▶ 船蛆1

▶ 船蛆2

凌源额尔古纳蚌 *Arguniella lingyuanensis*

分类地位：真瓣鳃目、西伯利亚蚌科
化石产地：辽宁 朝阳
地质年代：晚侏罗世
生活环境：河湖淡水底栖爬行或穴居生活
典型大小：体长2 cm

双壳动物。其个体形态为卵形至近长方形。壳体膨凸，壳壁较厚。壳顶突而较宽，位于壳长1/3前方。背边较平直。壳面仅具不甚规则的同心圈，无放射饰。有一宽圆的后壳顶脊。

▶ 凌源额尔古纳蚌

蒙阴蒙阴蚌 *Mengyinaia mengyinensis*

分类地位：古异齿目、珠蚌科
化石产地：山东 新泰
地质年代：早白垩世
生活环境：河湖淡水底栖爬行或穴居生活
典型大小：体长6 cm

双壳动物。中等大小，横长。壳顶低宽，略突出铰边。前端伸出，低而狭圆，壳顶前凹明显；后部伸长，后端近方圆形；腹边中部常有宽浅内凹；无后壳顶脊。壳面具同心线，有少量较宽的同心圈，但无双钩饰。

▶ 蒙阳蒙阴蚌

头足纲

前环角石 *Protocycloceras*

分类地位：爱丽斯木角石目、前环角石科
化石产地：湖北 宜昌
地质年代：早奥陶世
生活环境：海洋游泳生活
典型大小：体长8 cm

▶ 前环角石

壳直或微弯。横切面圆至椭圆形。壳面饰有横环，环及环间有细的横纹。体管中等大小，不在中央。隔壁颈短而直，连接环甚厚。缝合线为直线型。

震旦角石 *Sinoceras*

分类地位：米锲林角石目、米锲林角石科
化石产地：湖北 宜昌
地质年代：中奥陶世
生活环境：海洋游泳生活
典型大小：体长20～60 cm

▶ 震旦角石

外壳呈圆锥形或圆柱形，壳面覆以显著的波状横纹，隔壁颈相当于气室深度的一半。体管细小，位居中央或微偏，住室无纵沟。纵切面磨光状如塔，可用做陈列品，故俗称“宝塔石”，又称“中华角石”。一般为20～60 cm，最长可达一米多。

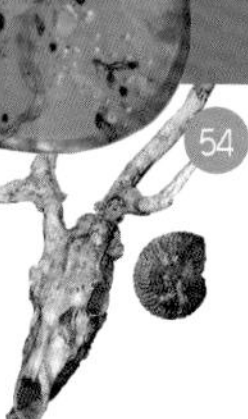

湖北雷氏角石 *Richardsonoceras hubeiense*

分类地位：内角石目、弓内角石科
化石产地：湖北 宜昌
地质年代：中奥陶世
生活环境：海洋游泳生活
典型大小：体长15 cm

▶湖北雷氏角石

壳较大，外腹式弯曲。始端弯曲较口前端显著，呈钩状。扩大缓慢。横断面呈长卵形。背部宽，腹部窄，壳面具细而密的生长线纹。体管很细，位于近腹缘。气室密而均匀，气室高2~3 mm。

湖南三叶角石 *Trilacinoceras hunanense*

分类地位：塔飞角石目、微石科
化石产地：湖南 永顺
地质年代：中奥陶世
生活环境：海洋游泳生活
典型大小：体长20 cm

幼年期壳的初始端平卷，形成3~4个旋环，成年期后长成直壳，壳面有横肋及与之平行的生长纹。角石的体管靠近背边。化石采自宝塔组的石灰岩中，被方解石替代，形成了通透的晶体，常见打磨剖光后加工成工艺品。

▶湖南三叶角石

新铺埃诺鹦鹉螺 *Enoploceras xinpuense*

分类地位：鹦鹉螺目、鹦鹉螺科
化石产地：贵州 关岭
地质年代：晚三叠世早期
生活环境：生活于水深60~400 m处，作后退式游泳
典型大小：直径20 cm

▶新铺埃诺鹦鹉螺

新铺埃诺鹦鹉螺系贵州关岭2003年首次发现报道。在关岭生物群中头足类以菊石为主，鹦鹉螺类相对较少。鹦鹉螺类动物在寒武纪晚期已经出现，奥陶纪进入全盛时期，此后衰退，二叠纪后期生物大灭绝后，所剩鹦鹉螺属种十分有限，到现在仅有鹦鹉螺一属。新铺埃诺鹦鹉螺外形呈卷曲状，它们通过向前喷水所产生的反作用力在海洋中作后退式游泳。

假海乐菊石 *Pseudohalorites*

分类地位：棱菊石目、假海乐菊石科
化石产地：湖南 湘潭
地质年代：早二叠世
生活环境：生活于浅海环境
典型大小：直径3 cm

▶假海乐菊石1

壳为菊石形，内卷为椭圆形，旋环横断面呈半圆形。脐很窄或闭合。体管位于中央。壳面具有显著的横肋和沟，横越腹部而不中断。缝合线齿菊石型，叶和鞍均为8个。

▶假海乐菊石2

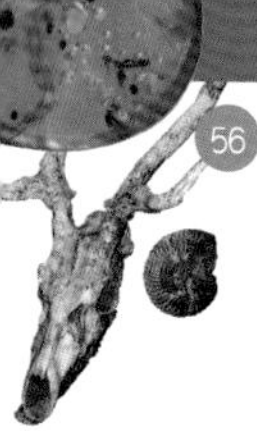

上饶菊石 *Shangraoceras*

分类地位：棱菊石目、寿昌菊石科
化石产地：江西　上饶
地质年代：早二叠世晚期
生活环境：生活于浅海环境
典型大小：直径5 cm

▶上饶菊石

壳体完全内卷，呈亚球形，旋环横断面呈新月形，壳表饰有弯曲、粗壮、平顶的横肋及弱的纵旋纹，并交织成网格状。粗肋在腹部呈宽的倒人字形。近口部具收缩沟，口部有收缩现象，口缘的腹侧部发育一对几乎抵及背部的象牙状围锤。体管位于隔壁中央至背脊之间。缝合线为棱菊石式，似新缓菊石，由8个叶部组成。

阿尔图菊石 *Altudoceras*

分类地位：棱菊石目、副腹菊石科
化石产地：浙江　建德
地质年代：早二叠世
生活环境：生活于浅海环境
典型大小：直径5 cm

▶阿尔图菊石

壳体大，半外卷到半内卷，呈盘状。脐部中等大。壳表具粗的纵旋纹及细的生长线。脐缘饰有肋状物，在生长的早期尤其发育。具收缩沟，并随着壳体增长而消失。生长线和收缩沟形成腹弯。腹叶不是很宽，两侧边几乎平行，腹支叶相当窄，略呈压舌板状。腹中鞍中等高，鞍顶相当宽。

寿昌道比赫菊石 *Daubichites shouchangensis*

分类地位：棱菊石目、副腹菊石科

化石产地：浙江 建德

地质年代：早二叠世

生活环境：生活于浅海环境，具有一定的游泳能力

典型大小：直径5 cm

▶ 寿昌道比赫菊石

壳体半内卷，呈厚盘状。腹部穹圆，侧部弯曲，最大厚度位于脐缘。旋环横断面略呈半月形。脐部深，宽占壳径的1/3，脐壁高且陡，脐缘明显，呈角状。腹部及侧部饰有均匀的纵旋纹，脐缘及侧部内围饰有微向前方斜伸的放射状短且细的肋。外缝合线腹叶宽，二分支；侧叶较腹支叶宽些，呈倒钟状；脐叶宽短。

球形墨西哥菊石 *Mexicoceras globosum*

分类地位：棱菊石目、环叶菊石科

化石产地：浙江 建德

地质年代：早二叠世

生活环境：生活于浅海环境，适合快速游泳

典型大小：直径3 cm

▶ 球形墨西哥菊石1

壳体内卷，呈亚球形。脐部很小，腹部宽穹，侧部较窄，弯曲。旋环横断面呈新月形。每一旋环具有4个显著的、微弯曲的收缩沟，在脐缘外微向前方穹曲，在侧部微向后方弯曲，在腹部微向前方穹曲。缝合线的腹支叶窄，后端二分；内侧有两个长齿，第一至第三侧叶呈掌状，后部齿很长，脐壁上的缝合线不清楚，可能有1个二分的小叶。

▶ 球形墨西哥菊石2

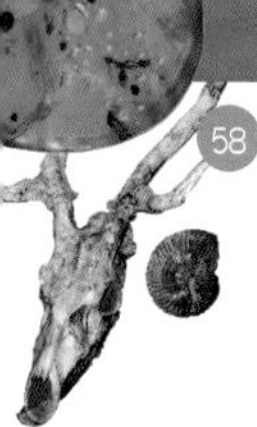

粗纹布朗菊石 *Branneroceras perornatum*

分类地位：棱菊石目、腹菊石科
化石产地：桂中 黔中地区
地质年代：中石炭世
生活环境：浅海环境生活
典型大小：直径8 cm

壳体中等厚，呈盘状，外卷。旋环横切面呈椭圆形。脐大、中等深度，脐缘呈钝角状，脐壁几近直立。腹部及侧部均很圆。壳面饰有明显的粗布状纹饰，外壳具有细密的生长纹。缝合线为腹菊石型，缝合线的鞍圆叶尖。

▶粗纹布朗菊石

假提罗菊石 *Pseudotirolites*

分类地位：齿菊石目、假提罗菊石科
化石产地：广西 来宾
地质年代：晚二叠世
生活环境：生活于浅海，不善于游泳
典型大小：直径5 cm

壳外旋。侧部具明显的横肋，距腹部不远处常有侧瘤。腹部具明显的腹棱。缝合线为菊面石式，每侧具有两个齿状的侧叶及短的肋线系，有一个低的腹鞍二分的腹叶。

▶假提罗菊石

蛇菊石 *Ophiceras*

▶蛇菊石

分类地位：齿菊石目、蛇菊石科
化石产地：浙江　长兴
地质年代：早三叠世早期
生活环境：生活于浅海，营游泳生活
典型大小：直径3 cm

壳外卷，呈盘状，腹部窄圆。脐部很宽，脐壁高而直立。壳面一般光滑或具少量不明显的肋或瘤。缝合线为菊面石式，具两个细长的侧叶及短的肋线条。

前粗菊石 *Protrachyceras*

▶前粗菊石

分类地位：齿菊石目、粗菊石科
化石产地：云南　富源
地质年代：晚三叠世早期
生活环境：浅海生活，不善于游泳
典型大小：直径5 cm

壳形似粗菊石，近内卷，呈扁饼状，唯腹沟旁的腹棱上有一排瘤。缝合线似粗菊石，但比较原始。

阿翁粗菊石 *Trachyceras aon*

▶阿翁粗菊石

分类地位：齿菊石目、粗菊石科
化石产地：贵州　关岭
地质年代：晚三叠世早期
生活环境：生活于浅海，不适于远洋快速游泳
典型大小：直径5 cm

壳体半内卷，呈盘状。腹部较窄；旋环高，断面略呈半椭圆形；具腹中沟，两侧各具两排瘤。侧面稍凸，饰有弯曲的横肋，横肋大多数在侧面内围分叉，横肋上具8排瘤。脐部较小，脐缘上具一排瘤。

多瘤粗菊石 *Trachyceras multituberculatum*

分类地位： 齿菊石目、粗菊石科
化石产地： 贵州 关岭
地质年代： 晚三叠世早期
生活环境： 生活于浅海，不适于远洋快速游泳
典型大小： 直径6 cm

壳近内卷，呈厚饼状或扁饼状。腹部窄圆，腹中沟明显，两旁的腹棱上有两排瘤。侧面饰有微弯的肋纹，肋上有若干排成旋转状的瘤。亚菊石型缝合线，每边有两个分齿不长的侧叶。

▶ 多瘤粗菊石

布兰弗菊石 *Blanfordiceras*

分类地位：菊石目、伯利亚斯菊石科
化石产地：西藏 阿里
地质年代：晚侏罗世
生活环境：栖居侏罗纪的广阔海洋，游泳缓慢
典型大小：直径10 cm

壳外卷，呈盘状，壳体较厚，腹部有明显的腹中沟。肋纹在脐部分及侧面外围向前方斜展，在腹中沟两侧中断结为疣节而消失。住室部分的肋纹变粗，距离变大。

▶布兰弗菊石

刷形简叶菊石 *Haplophylloceras strigile*

分类地位：叶菊石目、叶菊石科
化石产地：西藏 定日
地质年代：中侏罗世
生活环境：生活于浅海
典型大小：直径10 cm

壳内卷，体厚，呈厚盘状。脐小，脐壁缓斜。腹部宽平，两侧平，中间微凸。壳面饰有密集的向前斜伸的肋，在两个单一肋间有较弱的单一和分支的短肋插入。所有肋在腹部中央向前弯曲。缝合线保存不好，间有宽大的第一侧叶，外鞍和侧鞍窄而高，鞍的宽度和第一侧叶几乎相等。

▶刷形简叶菊石

束肋旋菊石 *Virgatosphinctes*

分类地位：菊石目、旋菊石科
化石产地：西藏 阿里
地质年代：晚侏罗世
生活环境：生活于浅海，游动缓慢
典型大小：直径12 cm

▶束肋旋菊石

壳大，半外卷，盘状，旋环横切面为扁圆形。侧面内侧具有粗肋，肋至外侧二分枝、渐变为三分枝或四分枝，肋纹在侧面中线分枝，在外围呈束状并越过腹部而不中断。口围有腹缺。菊石型缝合线。

节肢动物

刺状纳罗虫 *Naraoia spinosa*

▶刺状纳罗虫

分类地位：游盾目、纳罗虫科
化石产地：云南 澄江
地质年代：早寒武世
生活环境：浅海近底爬行、游泳，食腐、食泥
典型大小：体长3 cm

背甲分头尾两部分，头甲半圆，尾甲半长椭圆形。头甲两后基角刺状。尾甲具侧刺，具一对较大的后侧刺，后尾刺之间另具3～4个小刺。纳罗虫化石是侯先光1984年在帽天山上发现的第一块化石，继而发现了轰动世界的澄江生物群。

迷人林乔利虫 *Leanchoilia illecebrosa*

分类地位：林乔利虫目、林乔利虫科。
化石产地：云南 海口
地质年代：早寒武世
生活环境：浅海近底爬行、游泳
典型大小：体长2 cm

▶迷人林乔利虫

体较小，分头甲、躯干和尾甲三部分，头甲平，显著前伸，前端具钝刺，背部具一对圆形的眼，腹部具1对三分支的大附肢和3对叶状附肢。躯干由11个体节组成，在每一体节之下具1对双肢型的附肢。尾甲呈桨状，边缘具细刺。

四节盘龙虫 *Panlongia tetranodusa*

分类地位：赫尔梅蒂虫目、赫尔梅蒂虫科。
化石产地：云南 昆明
地质年代：早寒武世
生活环境：浅海底栖生活
典型大小：体长1.5 cm

四节盘龙虫属于三叶形虫，虫体较小，呈长卵形。头甲半圆形，中部略凸起，两侧较平，颊角圆润。头甲两侧各具3条放射状的脊状线。头甲前端有一横线将头甲前缘分开为一“板状”构造。胸部4个体节，宽度均匀，近横伸，末端具一向后伸的钝刺。尾甲宽大，呈钝三角形，较头甲略长。中轴微弱凸起，肋部具4条脊状线，将尾肋部分为4对肋节，边缘圆润无刺。

▶四节盘龙虫

眼镜海怪虫 *Xandarella spectaculum*

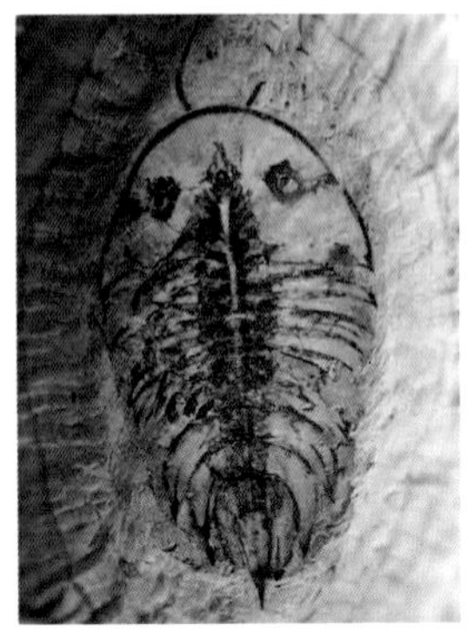
▶ 眼镜海怪虫

分类地位：海怪虫目、海怪虫科
化石产地：云南 澄江
地质年代：早寒武世
生活环境：浅海近底爬行、游泳
典型大小：体长6 cm

体较大，长椭圆形。头部半圆形，后侧端具一短刺。背面两侧具1对复眼，面线横向延伸至边缘。头部腹面具1个卵形的口板，1对触角和6对双分附肢。胸部分7节。尾部分4节，肋刺向后加长。

延长抚仙湖虫 *Fuxianhuia protensa*

分类地位：抚仙湖虫目、抚仙湖虫科
化石产地：云南 澄江
地质年代：早寒武世
生活环境：浅海近底爬行、游泳
典型大小：体长8 cm

▶ 延长抚仙湖虫

抚仙湖虫是节肢动物的祖先类型。背壳由头甲、躯干和尾甲组成。头甲半圆形，前端具1对柄状眼，躯干分为胸部和腹部，胸部次长方形，具17个体节，中轴宽，肋叶较窄，肋刺短。腹部分14节，尾甲由一扇形的两叶和1个尾刺组成。

卵形川滇虫 *Chuandianella ovata*

分类地位：瓦普塔虫科、川滇虫属
化石产地：云南 昆明
地质年代：早寒武世
生活环境：浅海近底爬行、游泳
典型大小：体长1 cm

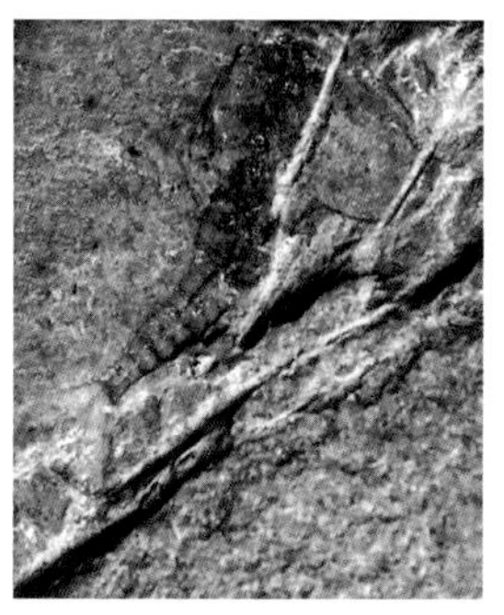

▶ 卵形川滇虫

双瓣壳，体较大，一般5～10 mm，最大14 mm，单壳次圆形，铰合边向上弯曲，边缘窄，无边缘沟，壳面具斑点或网状装饰。头部具1对触角和1对柄状眼，眼位于触角内侧。胸部具10对双分附肢。腹部分为7节，尾部较大，具1对三分节的尾扇。

加拿大虫 *Canadaspis*

分类地位：加拿大虫目、加拿大虫科
化石产地：云南 澄江
地质年代：早寒武世
生活环境：浅海近底爬行、游泳
典型大小：体长8 cm

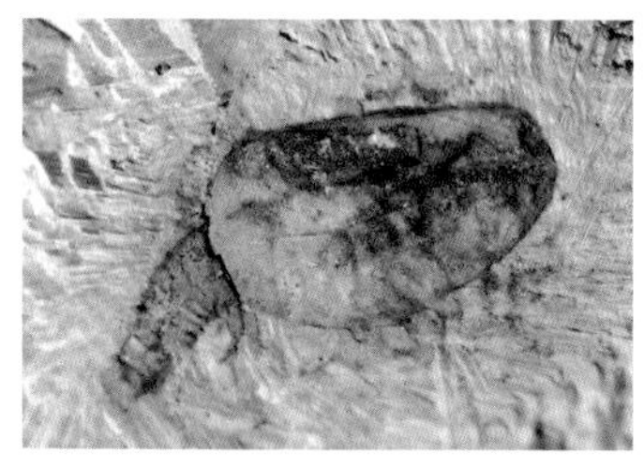

▶ 加拿大虫

个体一般小于12 cm，由头、胸、腹3个部分组成，头部可能仍处于双体节的原头演化阶段，具有1对带柄的眼睛和短棒状的触须。胸部由10个体节组成，每一体节具1对等形、双肢状附肢。附肢内肢粗壮，由多分节组成。末端具爪状构造。外肢板叶状。腹部由10个紧密排列的体节组成，不具附肢。末节具1对尾刺。

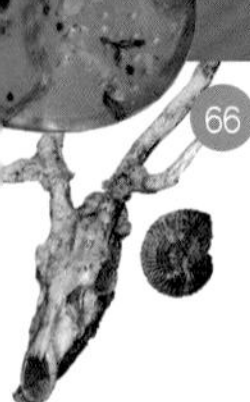

具刺广卫虾 *Guangweicaris spinatus*

分类地位：广卫虾科、广卫虾属
化石产地：云南 昆明
地质年代：早寒武世
生活环境：浅海近底爬行、游泳
典型大小：体长6 cm

▶ 具刺广卫虾

形体似虾，体较长，头、胸部呈宽卵形，腹部窄，柱椎形。动物体外骨骼由头、胸、腹三体部及1个顶节和1个尾节组成，头、胸、腹部共13节。头部宽而短，亚三角形，前端向前突出，由3个体节和一个顶节愈合而成。胸部较宽，亚长方形，中部略凸起，由4个宽大的体节组成，中部向后延伸一三角形的短刺，肋节两侧平伸，后侧端呈尖角状，胸节相互叠覆。腹部较胸部窄，呈长柱形，由前向后收缩，6个体节，每一体节中部向后延伸呈一中刺，腹节两侧向后延伸呈一短刺。尾节呈长椭圆形，较平，末端向后伸出一长的尾刺。

中华吐卓虫 *Tuzoia sinensis*

分类地位：吐桌虫目、吐卓虫科
化石产地：云南 昆明
地质年代：早寒武世
生活环境：浅海近底爬行、游泳
典型大小：瓣壳长8 cm

▶ 中华吐卓虫

双瓣壳，壳体较大，壳瓣侧视呈半圆形，铰合线较直，前背角较大，近90°，后背角较小，约70°。腹边缘具11~15个三角形的边缘刺，背缘具6~7个三角形的背刺。前、后铰突呈短小的三角形。壳中部具一条与铰合线平行，微向下弯的侧脊。壳面具不规则排列的多边形网状纹饰，网眼在侧脊及铰合线附近明显变小。

耳形等刺虫 *Isoxys auritus*

分类地位：等刺虫目、等刺虫科
化石产地：云南 昆明
地质年代：早寒武世
生活环境：浅海潮坪环境浮游生活
典型大小：壳瓣长4 cm

▶ 耳形等刺虫

壳瓣大，半椭圆形，铰合边直而长，前后背角均具矛状刺，前刺粗壮，后刺较细，两刺长度近相等。前腹部稍膨大，后腹部窄，边缘突起，壳面布满网状纹饰。

小型等刺虫 *Isoxys minor*

分类地位：等刺虫目、等刺虫科
化石产地：云南 昆明
地质年代：早寒武世
生活环境：浅海潮坪环境浮游生活
典型大小：壳瓣长1.5 cm

壳瓣较小。单壳侧视半椭圆形，铰合线直，前后背角向两端各伸出一个基刺，前基刺粗壮，稍长，后基刺短而细，常破损。前腹部膨胀，后腹部较窄，壳面光滑无饰。

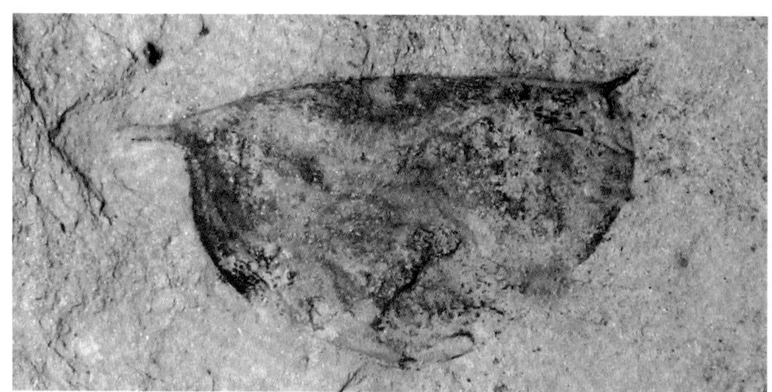
▶ 小型等刺虫

山东等刺虫 *Isoxys shandongensis*

▶ 侧压山东等刺虫

分类地位：等刺虫目、等刺虫科
化石产地：山东 费县
地质年代：中寒武世
生活环境：浅海浮游状态生活
典型大小：瓣壳长1.8 cm

▶ 背压山东等刺虫

壳瓣较小，近半圆形，前腹缘明显膨大于后腹缘；背缘在前部略超过1/3处微上拱；前后基刺均较短而直，前基刺长于后基刺；壳面光滑，无壳饰，壳体具有完整的腹边缘；在后部具有一条细而直的斜脊，由后基刺到达壳体后部1/3处。

关山昆明虫 *Kunmingella guanshanensis*

分类地位：金臂虫目、昆明虫科
化石产地：云南、海口
地质年代：早寒武世
生活环境：浅海底栖生活
典型大小：瓣壳长0.8 cm

▶ 关山昆明虫

双瓣壳，中等大小，切卵形，略后摆，铰合线直而长，前背角近90°，后背角110°，壳高度较大，高、长之比为0.67。前瘤高凸，后脊较粗，微向后弯，边缘脊窄而细，边缘沟浅而宽。

凯里阿里特虫 *Alutella kailiensis*

分类地位：高肌虫目、前尖虫科
化石产地：贵州 镇远
地质年代：早寒武世
生活环境：海洋水体较浅的环境生活
典型大小：壳长0.5 cm

壳中等大小，椭圆形。背边缘稍外拱，前背角近90°，后背角160°。前边缘短，前腹边缘斜伸，前边缘相交135°，腹边缘至后边缘构成一个半圆弧状。壳前背部V字形小而清晰，位于前部壳长的2/5处。V字形凹陷之前有凸起的1对瘤凸并与壳体相连。壳的后部凸起，壳缘脊相当发育而低凸。

▶ 凯里阿里特虫

帚刺奇虾 *Anomalocaris saron*

分类地位：射齿目、奇虾科
化石产地：云南 昆明
地质年代：早寒武世
生活环境：浅海生活，有很强的游泳能力和捕食能力
典型大小：前附肢长10 cm

▶ 帚刺奇虾的前附肢

奇虾是寒武纪海洋大型无脊椎动物，具身体最前端具有1对分节的、具刺状构造的巨型前肢。它可能是寒武纪海洋生态系统中位于食物链最顶端的类群。目前普遍认为奇虾动物可能和节肢动物具有较近的亲缘关系。完整的奇虾虫标本很少见，此标本为帚刺奇虾虫的口前捕食器——前附肢。前附肢后端较宽，向前略变窄，中部微向外拱曲。附肢分为11节，每一节的内侧具1个长的内刺（或内叶），内刺中部具2对小的侧刺。其中最后两个较粗较长，末节具1对大而长向内弯的大刺，倒数第2节和第3节背部亦具一侧刺。

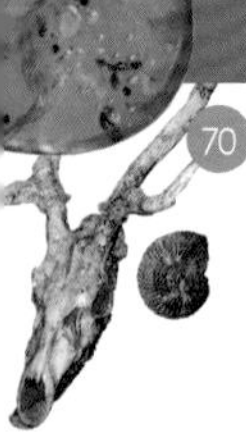

罗平云南鲎 *Yunnanolimulus luopingensis*

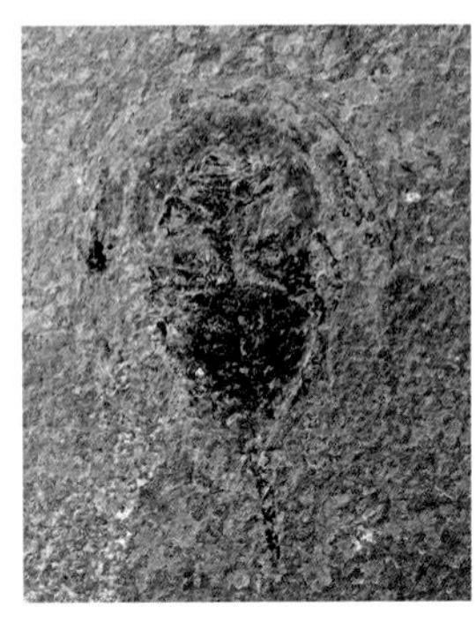
▶ 罗平云南鲎

分类地位：剑尾目、中鲎科

化石产地：云南 罗平

地质年代：中三叠世

生活环境：海水交替升降的富氧和缺氧环境，栖息于砂质底浅海区

典型大小：体长10 cm

个体中等大小，从前向后可分为前体、后体和剑尾。前体半圆形，左右两侧分别向后延伸形成颊刺。眼位于眼脊后部。前体中部眼肌之间具椎形的轴部。轴部向前收缩，具4对轴沟。后体不分节，前后体的结合处较平直。后体前端宽度稍大于前体眼脊区，向后逐步收缩。前体腹部具6对步足，第1对略小，后面5对形态基本一致。后体具明显的轴部，轴部横向宽度为后体的1/3，由前向后略有收缩。后体的边缘部分具边缘刺。剑尾呈长矛状，长度相当于前体和后体之和。

▶ 狼蛛

狼蛛 *Lycosidae*

分类地位：蜘蛛目、狼蛛科

化石产地：山东 山旺

地质年代：中新世

生活环境：常在草木、石头、落叶中，多数徘徊游猎，少数结网

典型大小：体长0.8 cm

8眼同型，皆为黑色，呈4—2—2排成3列，前眼裂小，后眼裂大，后侧眼位于后中眼之侧后方，距离颇大。螯肢后齿堤具2~3个齿。步足粗壮，多刺，末端具3爪，各步足转节具凹槽。足式：4，1，2，3。腹部椭圆形。因善跑、能跳、行动敏捷、性凶猛而得名。

蟹蛛 *Thomisidae*

分类地位：蜘蛛目、蟹蛛科

化石产地：山东 山旺

地质年代：中新世

生活环境：主要生活于低海拔地区花草丛中，静伏等候捕食过往昆虫

典型大小：体长1 cm

▶ 蟹蛛

8眼同型，皆为昼眼，排为2列，螯肢短小。体形多短而宽。步足能左右伸展，能横行或倒退，宛如螃蟹。触肢端部膨大，行动时前步足习惯上扬。前2对步足通常粗且长，后两对步足细且短，跗节无毛簇。蟹蛛科动物不结网。

圆蛛 *Araneidae*

分类地位：蜘蛛目、圆蛛科

化石产地：山东 山旺

地质年代：中新世

生活环境：于丛林、山坡、草丛、淡水湖滨等处结网生活

典型大小：体长1.5 cm

▶ 圆蛛

8眼向外突出，同型，黑色，排成4、4两列。前、后侧眼接近，生在眼丘上，4个中眼排成方形或梯形。其身体分为头胸部和腹部，头胸部有复眼无单眼，有4对步足，螯肢内有剧毒。圆蛛结圆网捕食昆虫，视力弱，依靠网上丝的震动和张力确定食物在网上的位置。

甲壳纲

卵形东方叶肢介 *Eosestheria ovata*

分类地位：介甲目、东方叶肢介科

化石产地：辽宁　义县

地质年代：早白垩世

生活环境：湖相淡水生活

典型大小：瓣壳长2 cm

▶ 卵形东方叶肢介

为淡水小型节肢动物。壳瓣卵圆形，个体大。背缘直，壳顶位于基前端，前、后缘圆，腹缘向下拱曲，生长带比较宽，有25～32条。壳瓣前腹部的生长带上具有比较大的网状装饰，形状不规则且上下拉长，向背部网孔变小，形状亦较规则；壳瓣后腹部生长带上具有较疏的细线装饰，间或夹有短线，有时向上或向下分叉，常常歪曲，线脊之间的间距比较开阔，有着重要的地层对比意义。

三角围场鲎虫 *Weichangiops triangularis*

分类地位：背甲目、鲎虫科
化石产地：河北 围场
地质年代：早白垩世
生活环境：栖息于淡水湖泊
典型大小：体长6 cm

▶ 三角围场鲎虫

虫体大，背甲近圆形，腹部细长，尾叉很长。背面观：背甲很大，一般3.5 cm，宽略大于长。背甲中央上方有一眼，眼呈立式三角形。背甲侧缘和后缘弯曲处，有的标本饰有小锯齿状的刺。背甲褶边很宽。腹面观：口器呈三角形，位于背甲腹面中央上方，1对强状的大颚，具5～8对颚齿。口器两侧有排列整齐的12节胸节。腹部分23节和1个发达的尾节。尾节明显长于第23腹节，其末端伸出一个近圆形的尾片。

等足目 Isopod

分类地位：甲壳纲、等足目
化石产地：云南 罗平
地质年代：中三叠世
生活环境：浅海底栖生活
典型大小：体长2.5 cm

▶ 等足目

罗平生物群节肢动物，未定种。等足目是体形较细小的甲壳类，体形变化较大，多数身体背腹平扁，头部短小，盾形，无头胸甲，腹部较胸部短，胸部附肢均无外肢，腹肢为双枝型，心脏很长，延伸到腹部。

四节辽宁洞虾 *Liaoninggogriphus quadripartius*

▶ 四节辽宁洞虾

分类地位：子虾目、囊虾科
化石产地：辽宁 北票
地质年代：早白垩世
生活环境：生活于淡水湖泊
典型大小：体长2.5 cm

身体呈圆筒形，头胸甲薄而硬化，覆盖头部前两节胸节的大部分。额剑很短，宽圆状。第一触角双枝型，第二触角单枝型。尾节近三角形，具缝合线，末端有2对短而粗的端刺，尾肢长，具有较强的游泳能力，在水深的湖区亦可生活，是一类生活在淡水湖泊、池沼的小型虾类。

奇异环足虾 *Cricoidoscelosus aethus*

分类地位：十足目、环足虾科
化石产地：内蒙 宁城
地质年代：早白垩世
生活环境：生活于淡水湖泊
典型大小：体长8 cm

▶ 奇异环足虾

淡水小龙虾化石，是热河生物群中一类较大型的无脊椎动物。头胸部大，呈圆筒形，额剑发达，颈沟简单。第一对步足最发达，呈蟹螯状，尾肢呈蝶翅形，雄性个体第一腹足呈棒状，第二腹足无特化现象。雌性具有腹环沟构造。

糠虾 *Mysis*

分类地位：真软甲亚纲、糠虾目
化石产地：云南 罗平
地质年代：中三叠世
生活环境：海水交替升降的富氧和缺氧环境
典型大小：体长4 cm

罗平生物群真软甲亚纲的一种，未定种。虾体长而扁，外骨骼有石灰质，分头胸和腹两部分，头胸由甲壳覆盖，腹部由7节体节组成。头胸甲前端有一尖长呈锯齿状的额剑及1对能转动带有柄的复眼。头胸部有2 对触角，还有3对颚足、5对步足。腹部有5对游泳肢及一对粗短的尾肢。

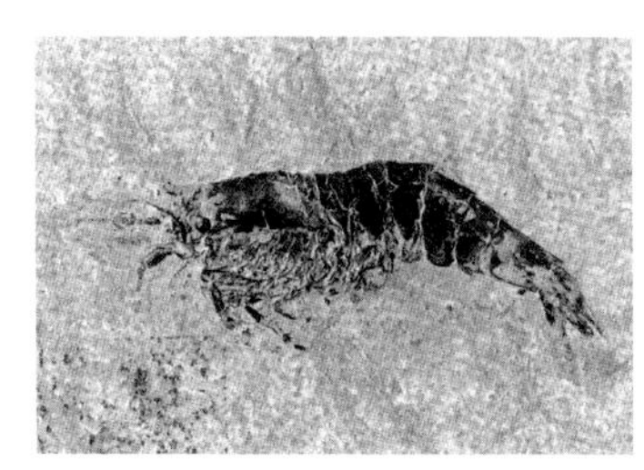

▶ 糠虾

苏尔泡虾 *Pemphix suir*

分类地位：软甲亚纲 十足目
化石产地：贵州 兴义
地质年代：晚三叠世早期
生活环境：水体相对较深的局限海或泻湖环境
典型大小：体长8 cm

在贵州龙动物群中，苏尔泡虾与贵州龙、亚洲鳞齿鱼等共生，它和糠虾是贵州龙动物群中最主要的节肢动物。

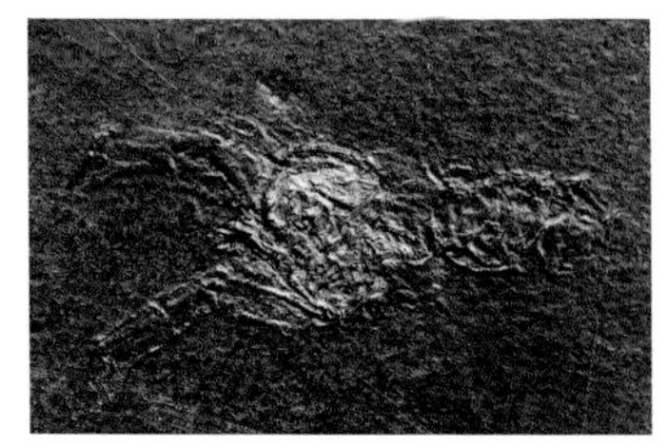

▶ 苏尔泡虾

双刺静蟹 *Galene bispinosa*

▶ 双刺静蟹1

分类地位：十足目、扇蟹科

化石产地：广东 阳江

地质年代：全新世

生活环境：栖息于沙以及泥质浅海底

典型大小：甲宽8 cm

▶ 双刺静蟹2

头胸甲隆起，分区可辨，表面具细麻点，侧线附近细颗粒明显。额为缺刻、分成两叶，前侧缘具齿状突起3枚，首齿最小，末两齿突出，各齿间具短毛。螯足粗壮，略不等大，步足细长，长节前缘具细锯齿状颗粒。

锯缘青蟹 *Scylla serrata*

▶ 锯缘青蟹1

分类地位：十足目、梭子蟹科

化石产地：广东 阳江

地质年代：全新世

生活环境：温暖海区沿岸生活，多夜间活动，白天穴居。

典型大小：甲宽18 cm

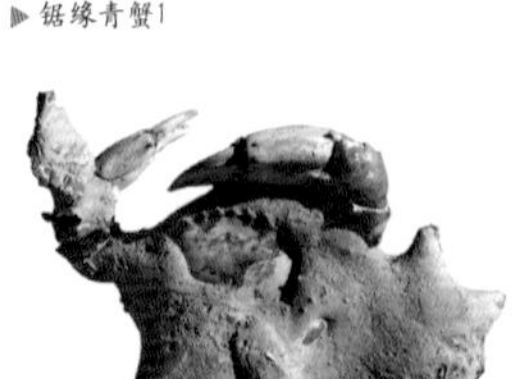
▶ 锯缘青蟹2

锯缘青蟹头胸甲略呈椭圆形，表面光滑，中央稍隆起。背面胃区与心区之间有明显的“H”形凹痕，额具有4个突出的三角形齿，前侧缘有9枚中等大小的齿，末齿小而锐突出，指向前方。螯足壮大，两螯不对称。长节前缘具3棘齿，后缘具2棘刺；腕节外末缘具2钝齿，内末角具1壮刺；掌节肿胀而光滑，雄性个体尤为肿胀，背面具2条隆脊，其末端具1棘刺，指节的内外侧各具1线沟，两指间的空隙较大，内缘的齿大而钝。末对步足的前节与指节扁平桨状，适于游泳。

昆虫纲

三尾拟蜉蝣（稚虫）*Ephemeropsis trisetalis*

分类地位：蜉蝣目、六节蜉科

化石产地：辽宁 北票

地质年代：早白垩世

生活环境：生活于亚热带、温带森林周围的湖泊中

典型大小：体长4 cm

▶ 三尾拟蜉蝣

稚虫水生，个体一般较大，具明显翅匣，腹部分节，两侧具单鳃，尾端具三支尾丝，中央尾丝两侧具刚毛。游泳能力不强，一生大部分时间为稚虫，成虫一经孵化，很快死亡，因此所见化石大部分为稚虫。

亮间蜓 *Mediaeschna lucida*

分类地位：蜻蜓目、蜓科

化石产地：山东 山旺

地质年代：中新世

生活环境：生活于亚热带的森林及湖泊地区

典型大小：双翅展长13 cm

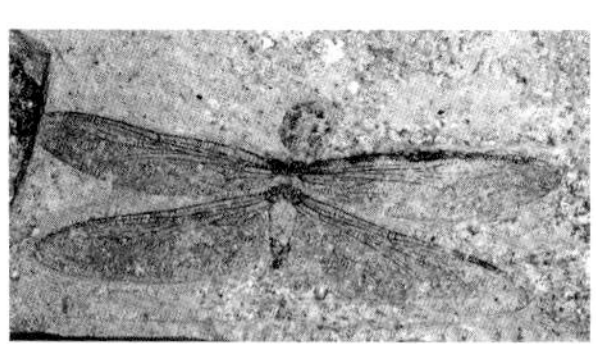

▶ 亮间蜓

体大，翅狭长；节前、节后横脉多，翅室密集；翅痣狭长，下方具有5～6条横脉；Rspl在IR3下方较直，这两条脉间最宽处具有3列翅室；中脉前分支（MA）与第4+5径脉（R4+5）之间具有两列翅室；三角室内横脉多；前翅亚前缘脉在翅结后延伸出一个翅室；A1具3列翅室。亮间蜓化石较为少见，特别是4个完整翅膀展开的标本以前尚未发现。以前对后翅了解很少，对前翅特征了解也不完善。新标本后翅基部具有臀角，为一枚典型的雄性个体标本。

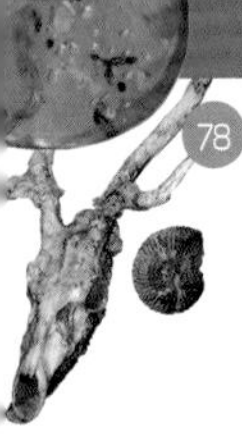

沼泽野蜓 *Rudiaeschna limnobia*

分类地位：蜻蜓目、蜓科
化石产地：辽宁　北票
地质年代：早白垩世
生活环境：生活于亚热带、温带森林的湖边和沼泽地区
典型大小：体长7 cm

▶ 沼泽野蜓

大型昆虫。前后翅均具有上三角室、三角室及亚三角室。前翅三角室内有4个小室。前后翅上三角室内有3个小室，亚三角室内有3~4个小室。翅痣下有3~4个横脉。臂套内有10~11个小室。飞行能力很强，稚虫生活在水中。

大凌河节翅蜓 *Nodalula dalinghensis*

分类地位：蜻蜓目、节翅蜓科
化石产地：辽宁　北票
地质年代：早白垩世
生活环境：生活于亚热带、温带森林的湖边和沼泽地区
典型大小：体长6.2 cm

▶ 大凌河节翅蜓

雌性，胸长13.6 mm，前胸小，1.6 mm长，前缘向前弯；前足基节较大且强壮，腿节强壮。前翅长40 mm，宽8 mm。翅CuAa具有4支；RP3/4和MA平行直至后缘；RP2和IR2区加宽明显。

多室中国蜓 *Sinaeschnidia cancellosa*

分类地位：蜻蜓目、古蜓科
化石产地：辽宁 北票
地质年代：早白垩世
生活环境：生活于亚热带、温带森林的湖边和沼泽地区
典型大小：体长6 cm

大型昆虫。翅痣明显伸长，翅面下有10个横脉。前后翅三角室均为立式，内部小室细密，下三角室不发育。后翅臂区极大。色斑明显。稚虫发育有细长的足。雄性种类腹部发育有2个明显的尾叉，雌性种类在尾叉之间有1个细长的产卵板。飞行能力极强，捕食性种类。

▶ 多室中国蜓

唐氏阿克塔西蜓 *Sinaktassia tangi*

分类地位：蜻蜓目、阿克塔西蜓科
化石产地：辽宁 北票
地质年代：早白垩世
生活环境：生活于亚热带、温带森林的湖边和沼泽地区
典型大小：前翅展长8.8 cm

成虫翅展较大，前翅较长，单翅长87.6 mm，宽18.2 mm。翅较长，翅后节点区（postnodal space）非常狭窄，Pt末端具多个翅室，Pt较长。

▶ 唐氏阿克塔西蜓

端色强壮蜚蠊 *Fortiblatta cuspicolor*

▶ 端色强壮蜚蠊

分类地位：蜚蠊目、蛇蠊科
化石产地：内蒙古 宁城
地质年代：中侏罗世
生活环境：生活于亚热带的森林
典型大小：体长1.6 cm

成虫虫体较大，身体强烈骨化。头部暴露于前胸背板外。复眼位于头基部；上颚和下颚须发达；该类群的前翅翅脉变异系数较低，说明其飞行能力较强，但是后翅翅脉的数目和翅长不对称，因此它并不是一个飞行的高手。蛇蠊科出现在早侏罗世，繁盛于中侏罗世，灭绝于早白垩世。

神蝗 *Nymphacrida*

分类地位：直翅目、丝角蝗科
化石产地：山东 山旺
地质年代：中新世
生活环境：生活于亚热带林间草地。
典型大小：体长4 cm

体中型。头中等大小，显短于前胸背板，颜面垂直，头顶圆形，复眼卵形，纵径大于横径。前胸背板侧观平直，具后横沟。前翅发达，超过后足胫节的中部，黑褐色，棒状，最宽处位于近翅端部，前缘脉长，亚前缘域宽阔。后足股节匀称，上基片长于下基片，胫节具短小的外端刺，爪垫长约为爪长的一半。雌性产卵瓣大。

▶ 神蝗

道虎沟阿氏鸣螽 *Ashangopsis daohugouensis*

分类地位：直翅目、原哈格鸣螽科
化石产地：内蒙古 宁城
地质年代：中侏罗世
生活环境：生活于亚热带森林
典型大小：体长3.5 cm

▶道虎沟阿氏鸣螽

成虫虫体一般前胸背板窄，长形，后翅宽，较短。M+CuA和CuP间区域在翅基部1/3处较宽；连接CuA和CuPa基部的横脉发育形成三角形区；跗节4节，胫节末端有3个刺。

山东树白蚁 *Glyptotermes shandongianus*

分类地位：等翅目、木白蚁科
化石产地：山东 山旺
地质年代：中新世
生活环境：常住于干木、活的树木中，以木为食
典型大小：体长1.5 cm

头部大，卵圆形，上颚细且尖，触角除第一节较长，其余各节小，扁柱状，复眼位于头中部两侧，近圆形，较小；前胸背板倒梯形，前缘明显向后弯，中胸背板近方形，后胸背板长梯形；腹部为狭长的卵形，明显宽于头部和胸部，可分辨8节；翅长，无色透明。

▶山东树白蚁

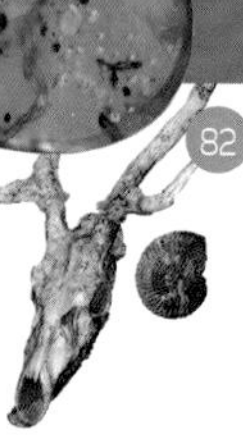

疹状花格蝉 *Anthoscytina aphthosa*

分类地位：异翅目、原沫蝉科
化石产地：辽宁 北票
地质年代：早白垩世
生活环境：生活于温带、亚热带的森林
典型大小：1.2 cm

▶疹状花格蝉

体大，前翅长约10 mm，头部窄于前胸背板。复眼显著，触角丝状，有8节可见鞭节，喙长到达后足基节，前胸背板长为宽的两倍。后足腿节强壮。腹部具有9节可见腹节。前翅长大于宽，端部圆形。后翅M单一分支。原沫蝉大都是小型的昆虫。在侏罗纪，原沫蝉是最繁盛的一个类群，在白垩纪中期，大部分类群因为植物类群的演替灭绝，少部分成为现生沫蝉总科的祖先。

具室弱足潜蝽 *Exilcrus cameriferus*

▶具室弱足潜蝽

分类地位：异翅目、潜蝽科
化石产地：辽宁 北票
地质年代：早白垩世
生活环境：水生，生活于温带、亚热带森林周围的湖泊
典型大小：体长1.5 cm

成虫体型较大，前胸背板具有刻点，前足不发达，跗节2节，不与胫节融合；中足和后足腿节细长，跗节2节，具2爪，跗节和胫节被茂密的游泳毛。前翅革片有刻点和大的翅室，存在缘片；膜片具有网状纹。现生的潜蝽科呈世界性分布，其生活在水中，是捕食性昆虫，以小型水生动物为食。

莱阳中蝽 *Mesolygaeus laiyangensis*

分类地位：异翅目、中蝽科

化石产地：山东莱阳、辽宁北票

地质年代：早白垩世

生活环境：生活于亚热带湖泊地区，可能在岸边生活，也可能水生

典型大小：体长0.7 cm

▶ 山东莱阳产地莱阳中蝽

▶ 辽宁北票产地莱阳中蝽

虫体中等大小，扁平，长卵形。头短，宽大于长，复眼中等大小，圆形；具小眼，位于复眼之间；触角细且短，着生于复眼和头顶之间，4节。前胸背板横阔，向前显著变窄，划分为上、下两部分；小盾片中等大小。半鞘翅发育，爪片、革片和膜片划分明显。足细，后足显长于前、中足；后足基节发育，附节甚长，3节，第1节甚短，卵形。腹部可见8节。雄性外生殖器大，近半圆形；雌性外生殖器显露，后伸。

眠螳蝽 *Ranatra dormientis*

分类地位：异翅目、蝎蝽科

化石产地：山东 山旺

地质年代：中新世

生活环境：生活于淡水湖面，行走、滑行

典型大小：体长5 cm

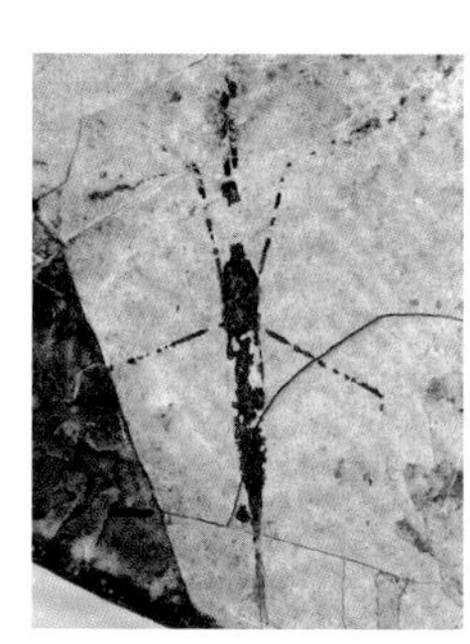

▶ 眠螳蝽

头背面近菱形，侧观近卵形，中等大小，喙短，向前突出，复眼，近圆形。前胸上半部瘦长，下半部短而宽。前足基节细柱形，股节略短于前胸背板，胫节和跗节形成利爪。中后足同形，皆为红褐色。半鞘翅完全，翅脉不可辨。腹部瘦长，分节不清。腹末附器布满细毛，长略短于虫体。

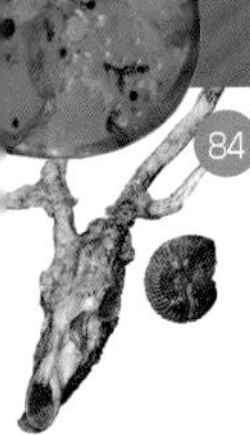

壮异蝽 *Urochela*

分类地位：异翅目、异蝽科
化石产地：山东 山旺
地质年代：中新世
生活环境：生活于亚热带丛林地区
典型大小：体长1.3 cm

▶ 壮异蝽

体中型，宽而粗壮；多为褐色；头近三角形，中等大小；触角5节，第1节相对其他各节短粗，长度不到头长的2倍，远短于头和前胸背板之和；前胸背板近梯形，宽约为长的2倍；小盾片长宽近相等；前翅与腹末约等长，R+M清晰，R与M较长；虫体背面刻点密；腹部近卵形，最宽处略宽于胸部，无刻点。

原蛾蛉 *Principiala sp.*

▶ 原蛾蛉

分类地位：脉翅目、蛾蛉科
化石产地：辽宁 北票
地质年代：早白垩世
生活环境：生活于亚热带森林。
典型大小：体长3 cm

未定种。成虫体大型，粗壮，腹部肥大，黄褐色至黑色。头部略缩于前胸下，无单眼；触角线状，约为前翅长的1/2；足胫节端部有1刺状距，爪细长；翅宽阔，具翅疤和缘饰；前缘横脉多不分叉，具肩回脉，Rs仅1支从R1分出，横脉密集但不形成阶脉。

直脉蝎蛉 *Orthophlebiidae*

分类地位：长翅目、直脉蝎蛉科
化石产地：内蒙古 宁城
地质年代：中侏罗世
生活环境：生活于亚热带的森林
典型大小：1.6 cm

▶直脉蝎蛉

成虫前翅长于后翅，头部小型，为三角形；上唇突起，触角较长，致密丝状；翅呈三角形，Sc脉很短，吸食式口器无表皮纹，但是具有完好的刚毛。

优美小蝎蛉 *Itaphlebia exquisite*

分类地位：长翅目、小蝎蛉科
化石产地：内蒙古 宁城
地质年代：中侏罗世
生活环境：生活于亚热带的森林
典型大小：体长1 cm

▶优美小蝎蛉

成虫前翅较长，Sc脉有2分支，M脉分支处有明显的明斑。雌性腹部具有11分节，第9至11节明显比第8节小；腹部末端有1对尾须，各有3节，其中基节部分与腹部第11节融合。小蝎蛉科幼虫水生，成虫的体型较小，喙细，翅痣明显；Rs脉通常3分支。

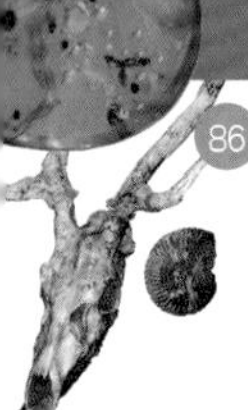

优脉巴依萨蛇蛉 *Baissoptera euneura*

分类地位：蛇蛉目、巴依萨蛇蛉科
化石产地：内蒙古 宁城
地质年代：早白垩世
生活环境：生活于温带、亚热带森林
典型大小：体长3 cm

▶优脉巴依萨蛇蛉

成虫虫体较大，头部有单眼，前胸较短；翅痣具有横脉，前后翅径脉和中脉域横脉发达，后翅前中脉起自径脉主干，前翅前中脉起自后中脉分叉点。该科的时代分布是侏罗纪到白垩纪，分布于欧亚大陆和美洲大陆。

大尾离螋螋 *Apanechura macrura*

分类地位：革翅目、球螋科
化石产地：山东 山旺
地质年代：中新世
生活环境：生活于亚热带的土壤中、落叶堆或岩石下
典型大小：体长2.5 cm

▶大尾离螋螋

俗称"剪刀虫"。体较凸起，圆柱形，略扁平。头近五边形，复眼，圆形。上颚较小，触角细，丝状，第1节端部略变宽，第2节甚短。前胸背板略窄于头。鞘翅显宽于前胸背板，后翅较短。腹部7节，最宽处第4腹节，腹末节与臀板紧密愈合，约为其他腹节长度的2倍。铗在基部末变宽，内缘近基部1/4～1/3处各具一个三角形刺，铗保存长度略短于腹长。

大斑步甲 *Anisodactylus giganteus*

▶ 大斑步甲

分类地位：鞘翅目、步甲科
化石产地：山东 山旺
地质年代：中新世
生活环境：生活于亚热带的森林
典型大小：体长2 cm

通常保存为黑色；上颚中等大小，端部尖；复眼位于头中部两侧，卵圆形，中等大小；触角长度小于头及前胸背板长度之和；前胸背板横宽，最宽处位于中部，宽约为长的2倍，前侧角明显但圆滑，侧缘弧形；足短粗，前足股节棒状，与胫节等长，但窄于胫节端部，跗节1~4节扁平，或多或少呈三角形，各节依次变短，第5节长柱状；鞘翅基部较平直，肩角圆滑，最宽处位于中部，具纵沟，长度约为宽度的3倍。

中间白垩步甲 *Cretorabus medius*

分类地位：鞘翅目、步甲科
化石产地：山东 莱阳
地质年代：早白垩世
生活环境：生活于亚热带森林，肉食性
典型大小：体长1 cm

▶ 中间白垩步甲

虫体小型，头部前伸，上颚三角形，末端向内弯曲。眼中等大小，近圆形，位于头侧缘以内。前胸背板近方形，前缘略窄于后缘，前缘近平伸，后缘中央外突。小盾片近圆形。前足基节圆形，互相靠近，腿节宽短，胫节长于腿节。后足基节大，三角形，腿节膨大，胫节变细。腹部宽大，鞘翅盖于腹部末稍远，末端逐渐变尖，无装饰。

槽形中新步甲 *Miocarabus alviolatus*

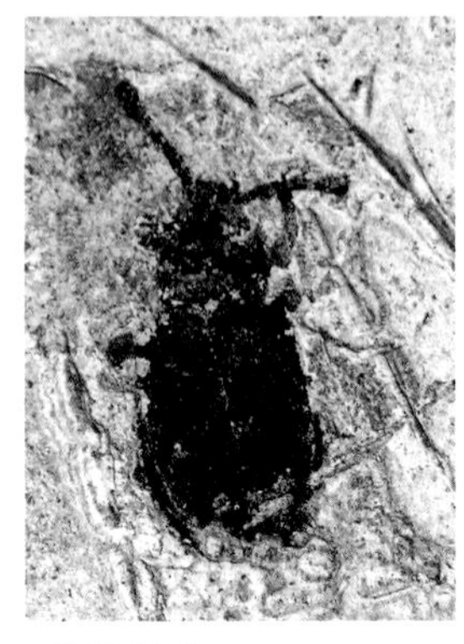
▶槽形中新步甲

分类地位：鞘翅目、步甲科
化石产地：山东 山旺
地质年代：中新世
生活环境：生活于亚热带的森林
典型大小：体长0.85 cm

虫体较小，黑色。头前伸，两侧有1对向前斜伸的触角。触角12节，第1节近椭圆形，第2节较小，第3节显著膨大，触角披细毛。眼肾形，位于触角后方。前胸背板似瓢形，前后缘弧形，两侧弯曲。盘区突起有一个槽沟，长2 mm，两侧呈锥形向前曲折，甚为特殊。足强壮。基节发达，股节粗，胫节细长。鞘翅盖于背上，其上有微纹，纵纹上隐约可见坑点。

山东花甲 *Dascillus shandongianus*

分类地位：鞘翅目、花甲科
化石产地：山东 山旺
地质年代：中新世
生活环境：生活于亚热带的森林
典型大小：体长1.5 cm

▶山东花甲

头部三角形，上颚发达，端部尖锐，复眼圆。触角11节。胸部前胸背板梯形，最宽处近后缘。足较粗且短，黄褐色，股节粗于胫节，跗节短。鞘翅光滑无饰，通常颜色为淡红褐色，未遮盖腹末。后翅发达。腹部背部至少可见7节，腹部可见6节，腹末产卵器通常向后延伸。

丰富树皮象 *Hylobius plenus*

分类地位：鞘翅目、象甲科
化石产地：山东 山旺
地质年代：中新世
生活环境：生活于亚热带树木之上，以根、茎、叶为食
典型大小：体长1.2 cm

虫体长卵形，黑色至深黑褐色。头部较大，横宽，喙粗，端部明显变宽，背部中央具纵隆线，见有稀疏的瘤状刻点；触角生长于喙的中部偏前；胸部前胸板横阔，后缘较平直；鞘翅明显隆凸，近长三角形，肩角和端角均较圆润，具10条行纹；足中等粗细，前足基节窝相连，圆形，中足基节分离，圆形，后足基节未达鞘翅边缘。

▶丰富树皮象

具脊强壮驼金龟 *Fortishybosorus ericeusicus*

分类地位：鞘翅目、驼金龟科
化石产地：辽宁 北票
地质年代：早白垩世
生活环境：生活于温带、亚热带的森林
典型大小：体长1 cm

成虫中型，一般为椭圆形，身体呈黑色；大颚强壮，上唇暴露。复眼较大，突出。中足和后足基节连接；后足胫节具有2个不同长度的刺。前足胫节的外侧缘具有3个齿，腿较短且强壮，鞘翅无条纹或瘤点，后翅较发育。现生的驼金龟多以动物尸体为食，有趋光性。

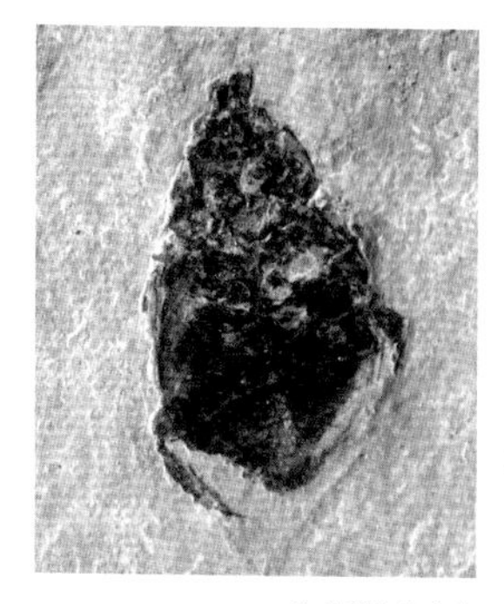
▶具脊强壮驼金龟

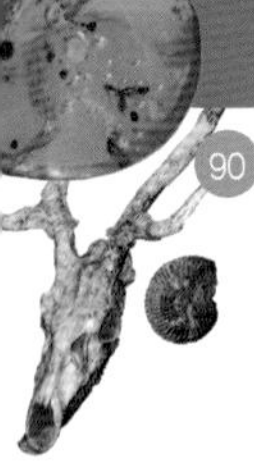

亲拉隐翅虫 *Lathrobium sobrimum*

分类地位：鞘翅目、隐翅虫科
化石产地：山东 山旺
地质年代：中新世
生活环境：生活于亚热带的湖边
典型大小：体长1.5 cm

虫体较大，触角相对较长。上颚较短。前胸背板前缘平，前侧角几乎成直角，长与鞘翅相等。腹部细瘦，其长度超过头胸的和。

▶ 亲拉隐翅虫

▶ 宽昔隐翅虫

宽昔隐翅虫 *Hesterniasca lata*

分类地位：鞘翅目、隐翅虫科
化石产地：辽宁 北票
地质年代：早白垩世
生活环境：生活于亚热带、温带森林
典型大小：体长0.6 cm

雌性，成虫小型，船形，头近三角形。触角位于复眼的前缘，较长，长于头和前胸背板的总和。前胸背板横行，向前变窄，鞘翅较短，露出腹部6节，鞘翅无刻点，具有细小的绒毛。腹部向末端逐渐变尖，6节。每节具有1对较宽的侧背板。

窄唇中长扁甲 *Mesocupes angustilabialis*

分类地位：鞘翅目、长扁甲科
化石产地：内蒙古 宁城
地质年代：中侏罗世

生活环境：生活于亚热带森林
典型大小：体长约1.3 cm

成虫虫体中等大小，扁平。虫体覆盖有小的浓密刻点。头部宽，近似梯形，触角丝状，长于头和前胸背板的总和。前胸背板横行，宽于头部，前缘角钝圆。鞘翅长是宽的4倍。足较短。

▶ 窄唇中长扁甲

长肢裂尾甲 *Coptoclava longipoda*

分类地位：鞘翅目、裂尾甲科
化石产地：山东 莱阳
地质年代：早白垩世
生活环境：生活于亚热带湖泊，肉食性
典型大小：体长3 cm

长肢裂尾甲幼虫。幼虫虫体较大，长形，一般呈黑色。身体较扁平，腹部9节，大颚发育，较粗壮，前口式。足较长，各节较扁；前足稍短于中足和后足，爪2个，较长。中足和后足胫节具较密的毛列，适应于游泳的习性。尾须1对，较长，向末端逐渐变细。腹中有2支粗壮的纵气管，从头贯穿至尾片。

▶ 长肢裂尾甲（幼虫）

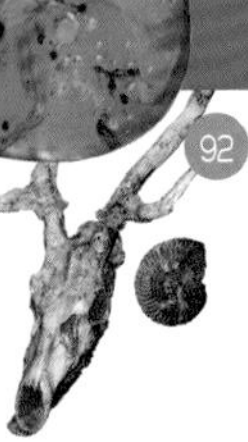

姬形蜂 *Ichneumonomima*

分类地位：膜翅目、姬形蜂科
化石产地：辽宁 北票
地质年代：早白垩世
生活环境：生活于温带、亚热带森林
典型大小：体长1 cm

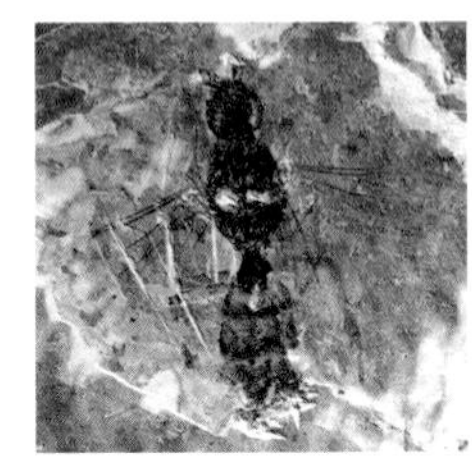

▶ 姬形蜂

未定种。成虫头部近圆形，上复眼大，呈卵圆形，触角长，前翅翅痣基部硬化，Sc脉在Rs伸出之后与R脉相连，Sc脉的后支很短，腹部基部收缩明显。该科是白垩纪一较为常见的灭绝类群。

解家河异鞘蜂 *Xyelecia xiejicheensis*

分类地位：膜翅目、长节锯蜂科
化石产地：山东 山旺
地质年代：中新世
生活环境：生活于亚热带的针叶、阔叶混交林中
典型大小：体长1.5 cm

头部略横宽，上颚端部尖锐，向下斜伸。复眼肾状。触角第3节约为头部宽的1.3倍，短于端丝，端丝各节细长，长柱状，共30节。胸部略宽于头部，前中足细且短，后足粗且长，腹部10节，基部较窄，第5节最宽。第10节为生殖器。翅膀褐色。

▶ 解家河异鞘蜂

似花长节蜂 *Anthoxyela*

分类地位：膜翅目、长节叶蜂科
化石产地：内蒙古 宁城
地质年代：早白垩世
生活环境：生活于温带、亚热带森林
典型大小：1.5 cm

▶ 似花长节蜂

未定种。成虫头较大，近圆形，上颚明显，较大，复眼大，呈卵圆形，触角保存不佳，前翅翅痣基部硬化，Sc脉在Rs伸出之后与R脉相连，Sc脉的后支很短。该科是膜翅目中发现时代最早的类群，发现于澳大利亚、南非等三叠纪的地层中。侏罗纪时是优势类群。

伪蚁蜂 *Falsiformica*

分类地位：膜翅目、伪蚁蜂科
化石产地：辽宁 北票
地质年代：早白垩世
生活环境：生活于温带、亚热带森林
典型大小：体长1 cm

▶ 伪蚁蜂

未定种。成虫头较宽，近椭圆形，上复眼大，呈卵圆形，触角很长，前翅翅痣基部硬化，Sc脉在Rs伸出之后与R脉相连，Sc脉的后支很短，腹部基部收缩明显。该科是膜翅目中在白垩纪最为常见的类群。

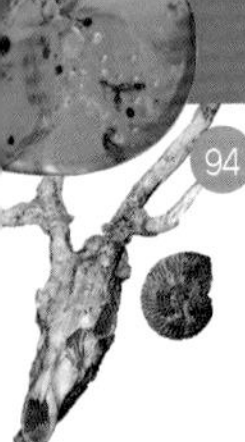

山旺木蚁 *Camponotus shanwangensis*

分类地位：膜翅目、蚁科
化石产地：山东　山旺
地质年代：中新世
生活环境：生活于亚热带丛林的树木里
典型大小：体长1.6 cm

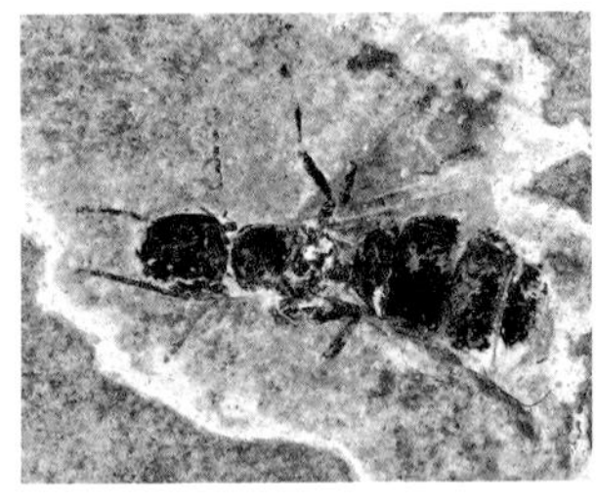

▶ 山旺木蚁

木蚁是蚂蚁家族中的一大成员，以它们的习性闻名，就是在木材里咬通道。头部钝三角形，上颚三角形，复眼大，近圆形。雌蚁触角12节，柄节短，鞭节细，丝状。胸部长卵形，略宽于头部。足较细，不长。腹柄大，背观横卵形。柄后腹粗，长卵形，长与头胸之和近等，宽约为胸宽的2倍。翅褐色，翅脉粗壮。

辽宁巨型柱角水虻 *Gigantoberis liaoningensis*

分类地位：双翅目、水虻科
化石产地：辽宁　北票
地质年代：早白垩世
生活环境：生活于亚热带、温带森林
典型大小：体长3.8 cm

▶ 辽宁巨型柱角水虻

雌性，身体很长，头近三角形。触角位于复眼的内缘，鞭节6节，具有细毛。复眼大，较突出。前胸的前缘宽于头部。腿被茂密的细毛；腹部膨大，末端逐渐变细。翅膀发育。

扁肿毛蚊 *Bibio ventricosus*

分类地位：双翅目、毛蚊科
化石产地：山东 山旺
地质年代：中新世
生活环境：生活于亚热带丛林和草丛
典型大小：体长1.5 cm

头部黑色，很小，圆形，触角长于头，粗壮。胸部粗壮近长方形，中胸盾片侧面观长椭圆形，长为头的5倍左右；前足股节棒状，胫节粗且短，外距粗且长，内矩刺状，后足股节棒状，短于胫节，后者端部变宽，具一个长距，刺状；腹部粗壮，明显宽且厚于胸部，见7节；翅狭长，翅顶通常不及腹部。

▶ 扁肿毛蚊

冠大蚊 *Tipula corollata*

分类地位：双翅目、大蚊科
化石产地：山东 山旺
地质年代：中新世
生活环境：生活于水边或植物丛中，幼虫生活在水中
典型大小：体长2 cm

头中等大小，近卵圆形，后唇基前伸，粗壮，端部膨大。触角由复眼前端伸出，复眼大，近卵形。胸部略宽于头部，卵圆形。足甚细长，具短毛。翅狭长。腹部长梭形，基部甚细，向端部渐变宽。

▶ 冠大蚊

三叶虫纲

假胸针球接子 *Pseudoperonopsis*

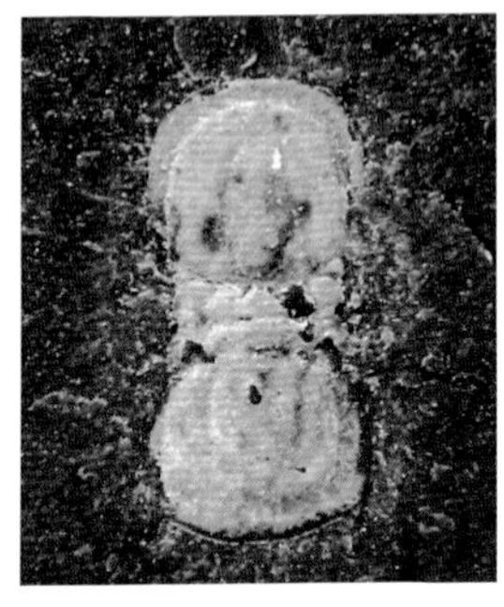
▶假胸针球接子

分类地位：球接子目、刺球接子科
化石产地：山东 费县
地质年代：中寒武世
生活环境：海洋中营漂浮生活
典型大小：体长6 mm

具宽浅的头部边缘沟和尾部边缘沟；头鞍前叶宽的五边形，前端向前尖或尖圆，鞍前中沟极短或呈短的V字形凹口；头鞍后叶中部两侧平行，后部向后收缩变窄，头鞍瘤小；颊区光滑；胸部2节；尾轴中等长，向后收缩成尖拱形，后缘尖，不伸达尾边缘沟，其上有长卵形的轴瘤，尾边缘沟较宽浅；尾后侧部具1对短小侧刺。

佩奇虫 *Pagetia*

▶佩奇虫

分类地位：球接子目、古盘虫科
化石产地：贵州 凯里
地质年代：中寒武世早期
生活环境：广泛分布于海洋台地边缘区和斜坡区
典型大小：体长8 mm

头鞍显现，向前变狭。颈环向后伸长成刺。固定颊后部隆起，头鞍之前有凹陷带。边缘狭，具有放射形痕纹。眼叶短而狭。活动颊小，面线前支及后支均横向朝外伸出。胸部2节。尾轴长而分节，肋部分节或光滑，具有狭而无刺的边缘。

中间型古莱德利基虫 *Eoredlichia intermedia*

分类地位：莱德利基虫目、莱德利基虫科

化石产地：云南 海口

地质年代：早寒武世

生活环境：浅海潮坪环境底栖爬行

典型大小：体长6 cm

▶ 中间型古莱德利基虫

背壳长卵形，头部半圆形。头盖次方形，头鞍凸起，锥形，头鞍沟3对。眼叶新月形，较短，末端离头鞍稍远。活动颊宽而平坦，具狭而长的颊刺。胸部15节，第9节轴节具长刺。尾部极小，具一横沟。此标本完整地保存了触须，十分少见。

村上翼形莱德利基虫 *Redlichia murakamii*

分类地位：莱德利基虫目、莱德利基虫科

化石产地：贵州 凯里

地质年代：早寒武世

生活环境：生活于海洋温暖透光的陆棚区

典型大小：体长2 cm

▶ 村上翼形莱德利基虫

背壳长卵形，头鞍长锥形，具3对头鞍沟，后二对在头鞍中部相连；眼叶长，向后弯曲；眼前翼横向较短，面线前支近乎平伸，长度中等；活动颊较宽，颊刺较长；胸部15节，第11节上有轴刺；尾部小。

诺托林莱德利基虫 *Redlichia noetlingi*

▶ 诺托林莱德利基虫

分类地位：莱德利基虫目、莱德利基虫科

化石产地：云南 昆明

地质年代：早寒武世

生活环境：浅海潮坪环境底栖爬行生活

典型大小：体长5 cm

背壳长卵形。头鞍筒锥形，前端圆，具3对头鞍沟。外边缘宽凸，内边缘极窄或缺失，眼脊短，眼叶长，后端靠近头鞍，后侧翼窄而长，面线前支与头盖中轴线角度约60°～70°，活动颊宽，颊刺长而粗壮；胸部15节，中轴较肋叶稍宽，中轴环节上具小瘤，第11轴节上具一长轴刺；尾部极小，半圆，有1对穹锥状的突起。

中华莱德利基虫 *Redlichia chinensis*

分类地位：莱德利基虫目、莱德利基虫科

化石产地：湖南 花垣

地质年代：早寒武世

生活环境：海洋底栖爬行生活

典型大小：体长6 cm

▶ 中华莱德利基虫

头部略近半圆形。头鞍作锥状，狭而长。头鞍沟3对，均极清晰。颈环宽大，具颈疣，固定颊狭。眼叶长大，作弯弓状，末端与头鞍相连。面线前支长，横向水平伸出，与头鞍中轴线成90°的夹角。边缘沟深而明显，其中有许多小陷坑。活动颊阔，边缘清楚，向后延伸一长刺。胸节15个，第11节上有一长刺，肋节平直。尾部极小。

光滑马龙虫 *Malungia laevigata*

分类地位：莱德利基虫目、欺诈油栉虫科
化石产地：云南 马龙
地质年代：早寒武世
生活环境：生活于浅海潮坪环境
典型大小：体长3 cm

▶ 光滑马龙虫

背壳长卵形，头部半圆，头盖次梯形。头鞍锥形，平凹，具3对微弱的头鞍沟。眼叶中等大小，眼脊较弱，固定颊较窄。活动颊宽而平，颊刺粗壮。胸部具14个胸节，肋刺较长。尾部小，中轴凸，短而宽，肋叶窄而平，具1对剪刀形的尾刺。

兰氏古油栉虫 *Palaeolenus lantenoisi*

分类地位：莱德利基虫目、古油栉虫科
化石产地：云南 昆明
地质年代：早寒武世
生活环境：生活于浅海潮坪环境
典型大小：体长1 cm

▶ 兰氏古油栉虫

虫体较小。背壳长卵形，头盖次方形，宽大于长。头鞍长方形，平凸，具4对头鞍沟。固定颊较宽，后侧翼宽而短。眼脊较长，眼叶较小。活动颊较窄，颊刺短小。胸部13节，肋刺短。尾部小，半椭圆形，中轴宽，尾边缘两侧稍宽，后缘较窄。

剪刀形小宜良虫 *Yiliangella forficula*

▶ 剪刀形小宜良虫

分类地位：莱德利基虫目、巨尾虫科

化石产地：云南 马龙

地质年代：早寒武世

生活环境：生活于浅海潮坪环境

典型大小：体长3 cm

背壳长卵形，头部半圆，头盖次梯形。头鞍凸起，呈锥形，具3对浅而宽的头鞍沟。固定颊狭窄，眼叶较小。活动颊宽，颊刺较长。胸部16节，每一中轴环节上具一小瘤，肋刺由前向后加长。尾部小，中轴凸起，肋部由2对肋节向后延出2对大而长的尾刺。

云南云南头虫 *Yunnanocephalus yunnanensis*

分类地位：莱德利基虫目、云南头虫科

化石产地：云南 澄江

地质年代：早寒武世

生活环境：生活于浅海潮坪环境

典型大小：体长2 cm

背壳长椭圆形。头部长，头鞍长锥形，具3对窄而向后弯曲的头鞍沟。颈环大，眼叶大，眼脊横向伸展。外边缘狭，内边缘低下，面线前支向前轻微扩大，后支倾斜伸出。活动颊大。胸部14节，每一个中轴环节上具一小瘤，尾部小。

▶ 云南云南头虫

贵州宽背虫 *Bathynotus kueichouensis*

分类地位：莱德利基虫目、宽背虫科
化石产地：贵州 凯里
地质年代：中寒武世
生活环境：海洋温暖透光的陆棚区
典型大小：体长6 cm

▶ 贵州宽背虫

背壳椭圆形。头部半圆形，颊刺发育。头鞍短而较宽，向前收缩较快。头鞍沟3对。眼大而长，眼脊宽。颈环具颈疣或颈刺，活动颊颊刺较短。胸部13节，胸轴宽而突起，胸肋部肋节横向宽度自前向后加大。并由前至后逐步加长至第11节，第11节为大肋节，最宽，肋刺最长，第12，13节不发育，不具肋刺。尾部半圆形，相对较短而宽，具一个窄的轴环和轴后节。

杷榔虫 *Balangia*

分类地位：鲜棒头虫目、杷榔虫科
化石产地：湖南 花垣
地质年代：早寒武世

▶ 杷榔虫

生活环境：浅海底栖生活
典型大小：体长0.8 cm

个体较小的后颊类三叶虫。壳体略呈椭圆形。头鞍长方形，两侧平行或略向前收缩。头鞍沟3对。固定颊稍凸起。眼叶长大，眼脊微弱。活动颊狭，颊刺极短小。胸部4节，中轴向后缓慢收缩，肋沟深而狭。尾部大，略呈半圆形，中轴长，轴节9～10个。肋沟清晰，边缘狭，边缘沟浅。

长形张氏虫 *Changaspis elongate*

分类地位：耸棒头虫目、掘头虫科
化石产地：湖南 花垣
地质年代：早寒武世
生活环境：营浅海漂游生活
典型大小：体长1 cm

▶ 长形张氏虫

个体小，背壳长椭圆形。头鞍长，向前微微扩大并紧靠外边缘。3对头鞍沟成圆而长的坑状。颈环平而窄。眼叶颇大，稍弯曲。胸部14节，轴狭。尾部小，中轴分3～4节，尾部后端伸展成分叉尖刺，肋部伸长成细密的刺。

印度掘头虫 *Oryctocephalus indicus*

分类地位：耸棒头虫目、掘头虫科

化石产地：贵州 凯里

地质年代：中寒武世

生活环境：于海洋温暖透光的陆棚区营漂游生活

典型大小：体长3 cm

背壳长椭圆形，头盖横宽。头鞍长柱锥状，具4对圆坑状头鞍沟，后3对中部有浅的横沟相连。固定颊宽度中等，眼叶中等偏小，眼脊窄于眼叶。活动颊极窄，颊刺较长，末端达第4胸节。胸部有12个胸节，胸轴突起，肋部平，肋刺长。尾部小，肋沟及间肋沟发育，肋部具2~3对尾肋刺。

▶印度掘头虫

副合格拟油栉虫 *Olenoides paraptus*

分类地位：耸棒头虫目、叉尾虫科

化石产地：贵州 凯里

地质年代：中寒武世

生活环境：生活于海洋温暖透光的陆棚区

典型大小：体长5 cm

头盖次方形，头鞍明显向前扩大，具3对浅的侧头鞍沟。颈环具颈疣。眼叶短，固定颊窄。活动颊颊刺、胸肋刺、尾边缘刺较短。胸部8节，尾半圆，尾轴分6节。前肋节带向后侧延伸成6对尾侧边缘刺。

▶副合格拟油栉虫

女神双耳虫 *Amphoton deois*

分类地位：耸棒头虫目、长眉虫科
化石产地：山东 苍山
地质年代：中寒武世
生活环境：浅海底栖生活
典型大小：体长2 cm

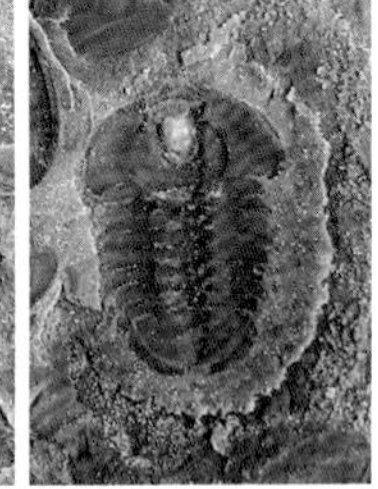

▶ 女神双耳虫

头鞍长柱形，向前略膨大，前端宽圆，4对头鞍沟浅且窄；颈环具颈瘤或短的颈刺；固定颊极窄；前边缘窄而翘起，鞍前区窄而下凹；眼叶长，长弓形；活动颊无颊刺；胸部7节；尾部宽，椭圆形，尾轴宽，伸达尾部边缘，尾边缘较宽而下凹。

▶ 毕雷氏虫

毕雷氏虫 *Bailiella*

分类地位：褶颊虫目、钝椎虫科
化石产地：河南 安阳
地质年代：中寒武世
生活环境：浅海底栖生活
典型大小：体长3 cm

头部半圆形。头鞍短锥形，具3对浅头鞍沟，颈沟明显。内边缘及固定颊均宽大，无眼。活动颊极窄，具颊刺。尾部较小，分3节，各节紧密结合成尾板，边缘清楚。

小丹寨虫 *Eosoptychoparia (Danzhaina)*

分类地位：褶颊虫目、褶颊虫科
化石产地：贵州 凯里
地质年代：中寒武世
生活环境：生活于海洋温暖透光的陆棚区
典型大小：体长2 cm

▶小丹寨虫

背壳平缓突起，卵形至长卵形，头部横宽，半圆。头鞍窄长，头鞍沟模糊，前边缘沟浅。固定颊宽，眼脊突起，眼叶短。活动颊中等大小，颊区宽，具中等长度颊刺。胸13节，肋部比中轴略宽。尾部小、横宽，尾边缘极窄或不显。

东方褶颊虫 *Eosoptychoparia*

分类地位：褶颊虫目、褶颊虫科
化石产地：山东 平邑
地质年代：中寒武世
生活环境：浅海底栖爬行生活
典型大小：体长2.5 cm

▶东方褶颊虫

头盖宽，平缓凸起。头鞍较小，锥形，有3对头鞍沟。颈沟及颈环清楚。眼叶小，眼脊窄而平伸。固定颊宽，内边缘宽，有时呈轻微的穹堆形隆起，并有放射状的细线脊装饰。前边缘窄，中部略宽，后侧翼较长。活动颊较窄，颊刺较宽。胸部14节。尾部小。

球形高台虫 *Kaotaia globosa*

▶球形高台虫

分类地位：褶颊虫目、褶颊虫科

化石产地：贵州 凯里

地质年代：中寒武世

生活环境：生活于海洋温暖透光的陆棚区

典型大小：体长3 cm

头鞍之前的内边缘上球形隆起较高而明显，外边缘中线位置极窄，仅为内边缘宽度的1/3，前边缘沟较宽而深，在中线位置向前拱曲，眼叶短小，约为头鞍长度的1/3。胸部15节，尾小。

兴仁盾壳虫 *Xingrenaspis*

分类地位：褶颊虫目、褶颊虫科

化石产地：贵州 凯里

地质年代：中寒武世

生活环境：生活于海洋温暖透光的陆棚区

典型大小：体长2 cm

头鞍短，截锥形，具3对清晰头鞍沟。眼叶小至中等大小，眼脊清晰。固定颊，后侧翼及后边缘中等宽度。胸部具12个胸节，中轴与肋部的宽度几乎相等。尾部小，横椭圆形，尾轴倒锥形，边缘较清晰而平缓突起。

▶兴仁盾壳虫

黔南曲靖头虫 *Kutsingocephalus qiannanensis*

分类地位：褶颊虫目、安南虫科
化石产地：贵州 凯里
地质年代：中寒武世
生活环境：生活于海洋温暖透光的陆棚区
典型大小：体长3 cm

▶黔南曲靖头虫

背壳长卵形，头部半圆形，头鞍突起，截锥形，具3对模糊的头鞍沟。活动颊中等大小，具粗壮的颊刺，末端伸至第三、四胸节的位置。头盖及固定颊横向较窄，前边缘略上翘，背沟相对较宽较深。胸部12节，中轴突起，比肋叶略窄，由前向后逐步收缩。尾部中等大小，椭圆形，尾轴窄而短，边缘宽而平。

横宽大眼虫 *Eymekops transversa*

分类地位：褶颊虫目、原附栉虫科
化石产地：山东 费县
地质年代：中寒武世
生活环境：浅海底栖爬行生活
典型大小：体长2 cm

▶横宽大眼虫

头盖平缓突起，次方形；头鞍宽大而突起，缓慢向前收缩，截锥形，前端宽圆，具4对浅的侧头鞍沟；背沟窄，中等深；固定颊较宽；眼叶长，呈弯弓形；眼脊短而突起，自头鞍前侧角向后斜伸；面线前支自眼叶前端强烈向外向前伸，面线后支自眼叶后端向外侧斜伸；活动颊中等宽，颊刺中等长；胸部13节；尾部宽，横椭圆形，后缘中线位置微向前凹，后缘两侧有2对锯齿状的短刺，尾轴短而突起，尾边缘宽而微下凹；壳面有小疣和小疣脊。

依氏毛屯虫 *Maotunia iddingsi*

分类地位：褶颊虫目、原附栉虫科
化石产地：山东 费县
地质年代：中寒武世
生活环境：浅海底栖爬行生活
典型大小：体长3 cm

▶依氏毛屯虫

头盖突起，次方形；头鞍宽大而突起，缓慢向前收缩，截锥形，前端宽圆，中线位置有一低的中脊，具4对浅的侧头鞍沟；背沟窄，中等深；颈环平缓突起，中部具小颈瘤；前边缘沟较浅至中等深；固定颊较窄；眼中等偏长，微弯曲呈弓形；面线前支自眼叶前端强烈向外向前伸，面线后支自眼叶后端向外侧斜伸；活动颊中等宽，颊刺长；胸部9节，胸节末端具短而向后弯的肋刺；尾部中等，间肋沟较清楚，尾轴较长，分节较多，尾边缘较宽而微下凹。壳面光滑。

▶群体保存的依氏毛屯虫

失部氏原附栉虫 *Proasaphiscus yabei*

分类地位：褶颊虫目、原附栉虫科
化石产地：山东 潍坊
地质年代：中寒武世
生活环境：浅海底栖爬行生活
典型大小：体长2 cm

背壳长卵形，头部半圆形。颊刺向后伸延较长，基部较宽。头盖呈亚四方形。头鞍较大，切锥形。眼叶狭而较长。胸部11节，中轴平缓凸起，较肋部略狭。肋刺宽平，并且较长。尾部横向呈半圆形，中轴平缓凸起，较宽，并向后逐步收缩，边缘沟不清楚。页岩内保存的标本显示壳面光滑。

▶ 失部氏原附栉虫

标准长青虫 *Changqingia puteata*

分类地位：褶颊虫目、壮头虫科
化石产地：山东 费县
地质年代：中寒武世
生活环境：浅海底栖爬行生活
典型大小：体长2.5 cm

背壳平缓突起，长椭圆形；头部横宽，半圆形；头盖横宽，亚梯形；头鞍强烈突起，切锥形，3~4对侧头鞍沟较浅或模糊不清；颈环突起；固定颊较宽；眼叶较短；鞍前区中等，前边缘平凸，中部较宽，两侧迅速变窄，前边缘沟中等深；活动颊中等宽度，颊刺较短；胸部11节，肋部比轴部略宽，肋刺短；尾部大，半圆形至倒三角形，尾边缘宽而平；背壳表面光滑或有小孔。

▶ 标准长青虫

拱曲原德氏虫 *Prodamesella convexa*

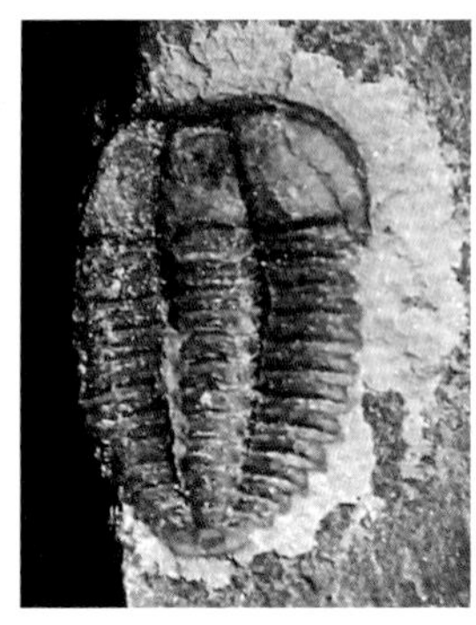
▶ 拱曲原德氏虫

分类地位：褶颊虫目、鬼怪虫科
化石产地：山东 费县
地质年代：中寒武世
生活环境：浅海底栖生活
典型大小：体长1 cm

背壳长卵形，平缓突起；头盖突起，宽梯形，前边缘平直；背沟窄而深；头鞍长，截锥形，具3对短而较深的侧头鞍沟；鞍前区窄而下凹或缺失；前边缘较窄且平缓突起或略向前上方翘起，中部较宽，两侧变窄；颈环突起；固定颊很宽，眼叶极短，眼脊突起；后边缘沟宽而较深；面线前支短；活动颊窄，具极短小颊刺。胸部10节，轴部与肋部近等宽，轴节末端呈锯齿状；尾部短而横宽，菱形，尾边缘窄而平缓突起；壳面具密集小凹点或小疣点。

锥形长山虫 *Changshanis concia*

分类位置：褶颊虫目、长山虫科
化石产地：山东 临沂
地质年代：晚寒武世
生活环境：浅海底栖生活
典型大小：体长2.5 cm

头鞍狭长呈截锥形。眼叶长，半圆形，位于头鞍中部。内边缘较宽，具明显的纵沟。外边缘两侧变狭，后缘略向后拱曲。胸部10节。尾部横宽，前侧角尖出。尾边缘凸起，边缘沟深。

▶ 锥形长山虫

光滑济南虫 *Tsinania Laevigata*

分类地位：耸棒头虫目、济南虫科
化石产地：广西　靖西
地质年代：晚寒武世
生活环境：浅海陆棚环境底栖
典型大小：体长5 cm

▶ 光滑济南虫

等尾型后颊类三叶虫化石，背壳长椭圆形，表面光滑。头部半圆形，头鞍亚梯形，凸起低，头鞍沟消隐，固定颊眼区宽，活动颊宽，颊刺粗壮。胸节8节，轴部窄于肋部，肋刺短。尾部半圆形，凸起，尾轴长锥形，分节多，尾边缘宽。分节期及成年期早期具两个侧刺。

四川虫 *Szechuanella*

分类地位：褶颊虫目、光盖虫科
化石产地：湖南　湘西
地质年代：早奥陶世
生活环境：浅海环境生活
典型大小：体长8 cm

▶ 四川虫

中型三叶虫。头盖亚梯形。头鞍柱状，中部收缩变窄，向前延伸直达前边缘沟，不具头鞍沟。背沟强壮。前边缘窄，向上尖起成一横脊，固定颊窄，其宽度约为头鞍宽度的1/3，眼叶中等大小，面线前支向前略扩张。尾部半圆形，中轴呈柱锥形，分6~7节。肋部亚三角形，为深沟分为4~5个明显肋节。边缘窄而凸起。

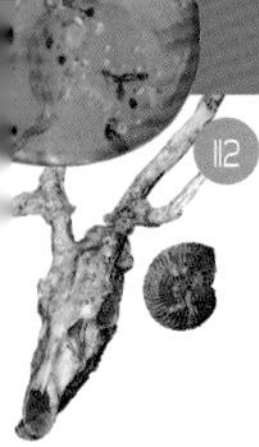

桨肋虫 *Remopleurides*

分类地位：褶颊虫目、桨肋虫科
化石产地：贵州 黄平
地质年代：早奥陶世
生活环境：浅海陆棚环境底栖
典型大小：体长2 cm

▶ 桨肋虫

头鞍呈瓮形，后部较大，圆形，向前引长成一狭小的前舌叶。眼极大，围绕头鞍中后部。胸11节，中轴极宽，肋叶极狭，肋节的前边缘具有一突起。尾小，宽度与长度大致相等，中轴短，后边缘有2对小刺。

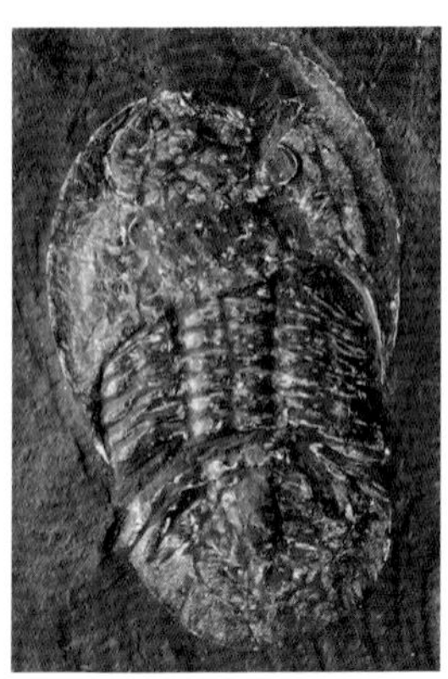

▶ 高雅小栉虫

高雅小栉虫 *Asaphellus bellus*

分类地位：栉虫目、栉虫科
化石产地：湖南 永顺
地质年代：早奥陶世
生活环境：海洋底栖生活
典型大小：体长8 cm

头部及尾部边缘均凹陷。头部具颊刺。头鞍长，略凸出，眼小，靠近头鞍。胸部八节。尾部宽，中轴不显。

缅甸虫 *Birmanites*

▶缅甸虫

分类地位：栉虫目、栉虫科
化石产地：湖北 宜昌
地质年代：中奥陶世
生活环境：浅海底栖生活
典型大小：体长8 cm

头部具颊刺，头鞍短。前边缘外形呈扇形，纵长度大，眼叶靠近头鞍的后部，活动颊宽。胸部八节，中轴极窄，肋节宽。尾部中轴窄，腹边缘极宽，几乎占尾部的全部面积，在靠近中轴部分有成锐角分布的V形线纹。

大湾假帝王虫 *Pseudobasilicus dawanicus*

▶大湾假帝王虫

分类地位：栉虫目、栉虫科
化石产地：贵州 黄平
地质年代：早奥陶世
生活环境：浅海陆棚环境底栖
典型大小：体长6 cm

头部外形呈半圆形，微凸。头鞍平凸、窄。在颈沟之前有一个小而明显的中瘤。头鞍具3对头鞍沟。眼中等大小、圆润，位置在头鞍横中线之后。固定颊外形次椭圆形。活动颊大，极平缓的凸起。胸节具显著的中轴，肋沟深而宽，微倾斜。尾部宽，外形呈次椭圆形，中等凸起，具一宽而凹陷的边缘。

等称虫 *Isotelus*

分类地位：栉虫目、栉虫科
化石产地：贵州 黄平
地质年代：早奥陶世
生活环境：浅海陆棚环境底栖
典型大小：体长4 cm

头尾大小相等，头盖及尾部光滑，具有不发育的边缘，唇板两侧平行，后端分叉深。头部前边缘相当长，背沟不显，几乎完全消失。眼中等大小，位于头部中线之后。胸部8节，中轴宽。尾部中轴宽，但不显，肋部光滑或有极微弱的分节。

▶ 等称虫

孟克虫 *Monkaspis*

分类地位：栉虫目、孟克虫科
化石产地：山东 临朐
地质年代：中寒武世晚期——晚寒武世早期
生活环境：浅海底栖生活
典型大小：体长6 cm

头盖突起，次方形，前缘宽圆。头鞍宽而短，锥形、截锥形至次柱形，具2~3对极微弱的侧头鞍沟；固定颊宽至中等宽，眼叶中等长，位于头鞍相对位置的中后部；鞍前区宽而略下凹，前边缘窄，略突起；活动颊宽，具或不具短的颊刺；胸部12节；尾部与头部近等大，半椭圆形，具2~8对锯齿状的边缘刺；尾轴窄，分4~6节和一长的轴后脊，肋部宽，肋沟深；壳面光滑。

▶ 孟克虫

锥形假斯氏盾壳虫 *Szeaspis (Pseudoszeaspis) conicus*

▶ 锥形假斯氏盾壳虫

分类地位：褶颊虫目、小无肩虫科
化石产地：山东临沂
地质年代：中寒武世
生活环境：浅海底栖爬行生活
典型大小：体长1.5 cm

背壳长卵形，壳面光滑。头鞍锥形，前端圆润，鞍前区宽，微向前边缘沟下倾，前边缘宽而平凸，活动颊宽，颊刺中等长。胸节9节，肋部比轴部略宽，肋沟明显。尾部较短而横宽，宽半椭圆形，尾边缘极宽而下凹。

大洪山虫 *Taihungshania*

▶ 大洪山虫

分类地位：栉虫目、大洪山虫科
化石产地：贵州 黄平
地质年代：早奥陶世
生活环境：浅海陆棚环境底栖
典型大小：体长6 cm

头鞍徐徐向前扩大，达于前缘，头鞍沟极浅。固定颊窄，眼小，靠近头鞍。活动颊具颊刺。胸部8节，中轴与肋叶的宽度大致相等，具短肋刺。尾部略呈方形或半椭圆形，中轴及肋部明显分节，后侧具1对后伸的侧刺。边缘宽，后端圆润。

宝石虫 *Nileus*

▶ 宝石虫

分类地位：栉虫目、宝石虫科
化石产地：贵州 黄平
地质年代：早奥陶世
生活环境：海洋底栖生活，具卷曲功能，可以钻入淤泥。

典型大小：体长5 cm

后颊类，头尾大小几乎相等。头鞍极宽，无头鞍沟，眼大，半圆形，靠近头鞍，两活动颊在前端融合成一单体，腹边缘连接不分开。胸部8节。尾部半圆形，壳面光滑。

中华斜视虫 *Illaenus sinensis*

分类地位：栉虫目、斜视虫科
化石产地：贵州 遵义
地质年代：中奥陶世
生活环境：海洋底栖生活，具卷曲功能，可以钻入淤泥。
典型大小：体长5 cm

▶ 中华斜视虫

背壳卵形，头部半圆形，宽约为长的两倍，强烈凸起。头鞍强烈高凸，向后缘隆起。眼中等大小，位于头部中线之后。活动颊宽度约为固定颊两倍，壳面具许多平行的同心线纹。胸部10节。尾部抛物线形，中轴短而狭，尖锥形。

▶ 似镰虫

似镰虫 *Harpides*

分类地位：栉虫目、镰虫科
化石产地：贵州 黄平
地质年代：早奥陶世
生活环境：浅海陆棚环境底栖
典型大小：体长6 cm

头部边缘不明显地与凸起的颊部及鞍前区分开，叶状体小，半圆形，低于颊部的高度。头鞍约为头部的3/10，头鞍后侧叶明显，眼粒位于头鞍前侧缘相对位置上，眼脊略向后弯。颊脊强壮，呈放射状，伸向狭而凸的前边缘，在凹陷的边缘上，颊脊与颊脊之间有不规则的小陷孔。胸部20多节，胸轴窄，肋部宽。

南京三瘤虫 *Nankinolithus*

分类地位： 栉虫目、三瘤虫科
化石产地： 湖北　京山
地质年代： 晚奥陶世
生活环境： 于浅海底营掘泥生活
典型大小： 体长3 cm

头部较常见。头部强烈凸起。头鞍有一明显的假前叶节。具3对头沟。饰边分为一个凹陷的内边缘和一个略为凸起的颊边缘。在饰边的上叶板上，内边缘有2~3列小陷孔分布在放射形陷坑之内，颊边缘的前部有放射状排列的小陷孔，侧部有不规则排列的小陷孔。饰边的下叶板上，在梁脊之外有1~2列作同心圆排列的小陷孔。胸部6节。尾部短，呈三角形或半椭圆形。

▶ 南京三瘤虫

▶ 矛头虫

矛头虫 *Lonchodomas*

分类地位：栉虫目、带针虫科
化石产地：贵州 遵义
地质年代：中奥陶世
生活环境：生活于浅海环境
典型大小：体长3 cm

头部外形呈等边三角形，头鞍矛状凸起，沿中轴有一脊梁。头鞍具有4对明显的肌肉痕。固定颊凸起，呈三角形。胸部5节，最宽处在第2胸节，关节沟明显。尾部半椭圆形，宽度大于长度，中轴隐约呈现，边缘强烈下弯，有两侧向后逐步加宽，边缘上饰以和后缘平行的细线纹。

帕氏德氏虫 *Damesella paronai*

▶ 帕氏德氏虫

▶ 蜷曲状态保存的帕氏德氏虫

分类地位：裂肋虫目、德氏虫科
化石产地：山东 临朐
地质年代：中寒武世晚期—晚寒武世早期
生活环境：浅海底栖生活
典型大小：体长8 cm

背壳呈椭圆形，头部宽，头鞍长，亚筒状，向前逐步收缩，头鞍沟短，颈沟深，固定颊宽，眼叶中等大小，位于头鞍沟横向中线的位置，颊刺有间夹角前方伸出；胸部前1/3较宽，有12胸节，中轴宽度约为肋部宽度的一半，肋刺较长并向后侧方延伸；尾部呈半圆形，中轴呈锥形，后端圆，肋脊向外伸出不同长度的肋刺；整个壳面布满瘤点。

璞氏蝙蝠虫 *Drepanura premesnili*

分类地位：裂肋虫目、德氏虫科
化石产地：山东 临沂
地质年代：晚寒武世
生活环境：浅海底栖生活
典型大小：体长7 cm

▶ 完整保存的璞氏蝙蝠虫背壳标本（头部呈卷曲状态）

▶ 燕子石——璞氏蝙蝠虫的尾部标本

背壳近椭圆形。头部宽，前部下垂；无颊刺，头鞍凸起，后部扩展2/3，具有3对头鞍沟；眼小，略高举，紧靠头鞍前部；一褶曲由头鞍第1对侧沟伸向眼叶处；在头鞍第3叶的两侧边颊面上有一半圆形呈三角形的面。胸部不少于12节；肋刺呈镰刀状。尾部中轴短，锥形，由6节组成；具有1对强壮的、长的侧刺，在侧刺内有6对相等的锯齿形的刺。完整的背壳标本十分少见。蝙蝠虫的尾部化石俗称“燕子石”，尾甲完整呈清晰的立体状保存，而且大小相间，形似蝙蝠飞翔。

标准小叉尾虫 *Dorypygella typicalia*

分类地位：裂肋虫目、德氏虫科
化石产地：山东 莱芜
地质年代：晚寒武世
生活环境：浅海底栖生活
典型大小：体长2 cm

头部宽阔，头鞍锥形，具两对头鞍沟。眼叶相当大，眼肌清晰。尾部宽大，前侧端向后伸出1对长刺。两刺之间成锯齿状，但后端中部边缘光滑无刺。

▶ 标准小叉尾虫

▶ 山东虫

山东虫 *Shantungia*

分类地位：裂肋虫目、德氏虫科
化石产地：山东 莱芜
地质年代：晚寒武世
生活环境：浅海底栖生活
典型大小：体长3 cm

头鞍小，切锥形，眼叶大，位于后端，眼脊略微显示。固定颊宽，前边缘向前伸出一长的头盖刺。完整的背壳标本十分少见。

王冠虫 *Coronocephalus*

▶ 王冠虫

分类地位：镜眼虫目、彗星虫科
化石产地：湖南 张家界
地质年代：中志留世
生活环境：浅海底栖生活
典型大小：体长6 cm

因头部边缘有一列突起的小瘤，状似王冠，故名。头部呈新月形至次三角形，具很长的颊刺。头鞍前宽后窄，成棒状，后面狭窄部分被3条深而宽的横沟穿过；活动颊边缘上有9个齿状瘤，头甲具粗瘤。胸部11节；尾部三角形，中轴窄、平凸、向后逐渐变窄。

沟通虫 *Ductina*

分类地位：镜眼虫目、镜眼虫科
化石产地：广西 南丹
地质年代：中泥盆世

生活环境：较深水环境下钻泥盲眼生活
典型大小：体长3 cm

个体长椭圆形，中等大小。头部半圆形。头鞍光滑，前部宽于后部。颈环和颊环微弱显现，仅在侧部见有小凹坑。后边缘窄。胸部11节。尾部近半圆形，中轴分节不清，往后明显收缩，直达边缘，背沟浅。肋部光滑，仅在前关节面上可见有横沟。

▶ 沟通虫

镜眼虫 *Phacops*

分类地位：镜眼虫目、镜眼虫科
化石产地：新疆 和布克赛尔
地质年代：泥盆纪
生活环境：生活在温暖的浅水域
典型大小：体长5 cm

▶ 镜眼虫

头鞍大、平凸。前端下弯或向前伸出。颈环之前有下凹的夹环。背沟深且宽。胸部12节，每一体节都有许多面，能助其更容易卷曲。尾短，尾沟深。

卵形头虫 *Ovalocephalus*

分类地位：镜眼虫目、多股虫科
化石产地：湖北 京山
地质年代：晚奥陶世
生活环境：生活于浅海
典型大小：体长3 cm

外壳呈长卵形，头鞍相当凸，前端极具下弯，具4对头鞍沟。眼较小，眼的

▶ 卵形头虫

位置稍靠前，眼叶窄。胸部具10个胸节，中轴凸，略窄于肋叶。肋节内有2个横排的大瘤疱，之间距离比较短。尾部短而宽，外形作次梯状。尾部有1对短的侧刺。

翼眉虫 *Pterygometopus*

▶ 翼眉虫

分类地位：镜眼虫目、翼眉虫科
化石产地：贵州 黄平
地质年代：早奥陶世
生活环境：浅海陆棚环境底栖
典型大小：体长4 cm

头部外形呈半椭圆形，强烈凸起。头鞍高凸，向前方强烈下弯。头鞍前叶大，最大宽处有一小的中间凹陷。具3对头鞍侧叶和3对头鞍沟。第1、2对头鞍沟向前内弯，第3对直向内伸。头鞍各对侧叶向后逐渐变小。眼部高耸，与头部平面成陡角，由聚合的小眼体组成，数目约为300个，分成30~34行。固定颊向内急斜。壳面有细小的斑点。

棘皮动物

俞氏贵州始海百合 *Guizhoueocrinus yui*

分类地位：戈氏海百合目、始海百合科
化石产地：贵州 凯里
地质年代：早寒武世
生活环境：浅海陆棚深水环境的沙泥质海底，以茎固着生活
典型大小：体长3 cm

中小型始海百合。萼部椭圆形，最大宽度在萼部中上部。萼板由下部向上部加大，至萼部中上部位置萼板最大。萼下部缝孔不发育，向上发育。萼板则呈齿轮状。茎呈倒锥柱状，由多边形小球粒组成。具吸盘，腕枝比较发育，一般6～8根，细长，成年标本腕枝呈螺旋状缠绕。

▶ 俞氏贵州始海百合

▶ 俞氏贵州始海百合群体

球形球状始海百合 *Globoeocrinus globulus*

▶ 球形球状始海百合

分类地位：戈氏海百合目、始海百合科

化石产地：贵州 凯里

地质年代：中寒武世早期

生活环境：浅海陆棚深水环境的沙泥质海底，以茎固着生活

典型大小：体长2 cm

成年期，萼部近圆球形，萼板较多。萼板呈齿轮状，缝合线不发育，而缝孔发育大而长，呈长椭圆形；腕肢旋转甚至卷曲；茎多呈哑铃状或近似柱状，较粗大；茎的末端有大的圆盘状吸盘，大多吸附在基岩或其他化石碎片上。

卢氏中国始海百合 *Sinoeocrinus lui*

分类地位：戈氏海百合目、始海百合科

化石产地：贵州 凯里

地质年代：中寒武世早期

生活环境：浅海陆棚深水环境的沙泥质海底，以茎固着生活

典型大小：体长4 cm

▶ 卢氏中国始海百合

成年期萼部呈倒梨形，口面较宽圆，反口面较窄，最大宽度位于萼的中上部，萼板清晰可见，呈齿轮状，由4～7列规则的萼板组成。缝孔发育呈椭圆状，萼板上部的缝孔形状通常复杂，而接近茎部的缝孔形状要简单些。茎为倒锥管状，直的腕枝，有6～10根不等。

优美凯里盘 *Kailidicuss atalus*

分类地位：海座星纲、床海林檎科
化石产地：贵州 凯里
地质年代：中寒武世早期
生活环境：生活于海洋温暖透光的陆棚区
典型大小：直径2 cm

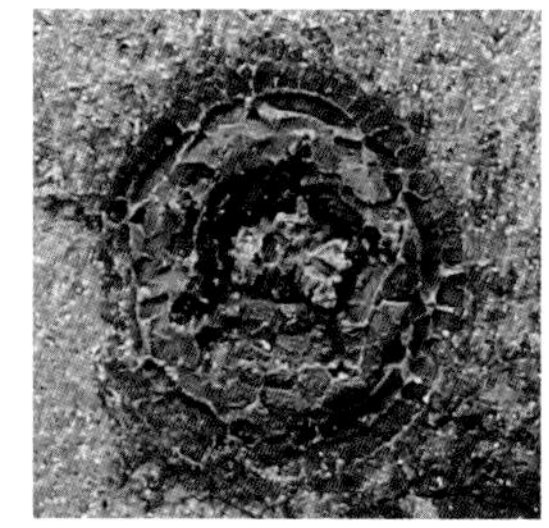

▶优美凯里盘幼年期

萼为扁平的圆盘，步带五辐，有两排向外分叉的多边形板在步带中间交错组成，并形成中轴缝合线。由步带中间向两排倾斜。间步带板为多边形，口小，肛围大而明显，远离口部。圆形，由中心向外侧由12条细脊分割为12份。根据大小及步带发育情况可以分为幼年期（直径8 mm之下）、青年期（直径9～20 mm）及成年期（直径20 mm之上）。幼年期步带已经明显，但盘体四周有较厚的泡沫板。青年期步带发育明显，盘体边缘有厚度不大的泡沫板。成年期各项特征明显。

中国海林檎 *Sinocystis*

分类地位：海百合亚门、海林檎纲
化石产地：贵州 遵义
地质年代：中奥陶世
生活环境：用根附着在海底或其他坚硬的物体上
典型大小：萼部5 cm

▶中国海林檎

萼球形或椭圆形，底部较窄，萼板多，排列不规则，具明显的双孔。口孔裂隙状，两端分叉。口孔主枝与分枝均覆以两行口板。水孔也为裂隙状，靠近口孔，并与口孔平行，肛孔六边形，位于水孔之外，覆以6块肛板，形成肛锥。生殖孔小，圆形，和肛孔靠近。

日射海林檎 *Heliocrinus*

分类地位：海百合亚门、海林檎纲
化石产地：云南 施甸
地质年代：奥陶纪
生活环境：用根附着在海底或其他坚硬的物体上
典型大小：萼部4 cm

萼部呈较明显的五边形的梨形至亚球形，茎短小，萼板褶皱强烈，并在萼部表面形成较多套叠的三角形粗线状纹饰。

▶ 日射海林檎

中海蕾 *Mesoblastus*

分类地位：海百合亚门、海蕾纲
化石产地：云南 沾益
地质年代：早石炭世
生活环境：以茎附着于坚硬的海底
典型大小：萼部直径2 cm

▶ 中海蕾

萼不大，花蕾状。底突出极不明显，5个步带较宽，近花瓣形，步带上横沟数目较多。10个呼吸孔。辐板瘦长，三角板小，口中等大小，呈五角星形。

海胆 Sea urchin

分类地位：棘皮动物门、海胆纲
化石产地：云南　罗平
地质年代：中三叠世
生活环境：栖息在潮间带以下的海区礁林间或石缝中
典型大小：直径2.5 cm

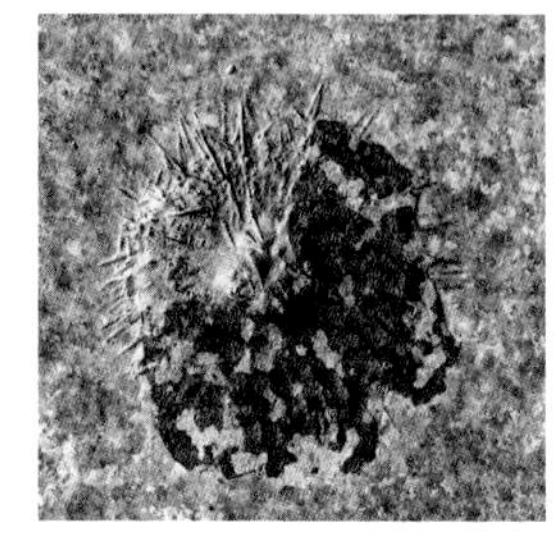
▶海胆

罗平生物群无脊椎动物，未定种。海胆有中空的石灰质壳。管足从壳上穿孔到达体表；其功能各有不同。所有的种都有棘刺和棘钳。辐射对称的海胆呈球形，肛门位于反口面。两侧对称的海胆体扁，口偏离中心，肛门与口在同一面。体呈球形、半球形、心形或盘形。壳上布满了许多能动的棘。

海星 Starfish

分类地位：棘皮动物门、海星纲
化石产地：云南　罗平
地质年代：中三叠世
生活环境：生活于浅海爬行
典型大小：直径2 cm

▶海星

罗平生物群无脊椎动物，未定种。体扁、星形、具腕。腕中空，由短棘和叉棘覆盖。下面的沟内有成行的管足，使海星能向任何方向爬行。内骨骼由石灰质骨板组成。

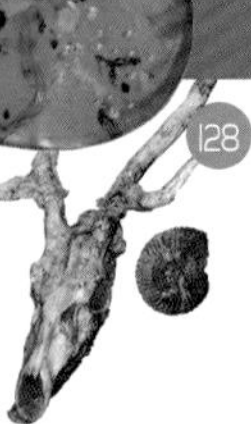

许氏创孔海百合 *Traumatocrinus hsui*

分类地位：海百合纲、石莲科
化石产地：贵州 关岭
地质年代：晚三叠世早期
生活环境：海洋中营假浮游生活
典型大小：冠长15 cm

▶ 许氏创孔海百合

海百合分为冠、茎和根3部分，冠部由萼和着生在萼上的腕组成，各部分均由各种骨板组成。许氏创孔海百合个体中等大小，冠长，上宽下窄。萼部碗状，内底板、底板、辐板各5块，10个一级腕板及一些间腕板，未见肛板。三级腕20个，双列。茎圆，无蔓板，茎中央孔小而圆。

关岭创孔海百合 *Traumatocrinus guanlingensis*

分类地位：海百合纲、石莲科
化石产地：贵州 关岭
地质年代：晚三叠世早期
生活环境：海洋中营假浮游生活
典型大小：冠长30 cm

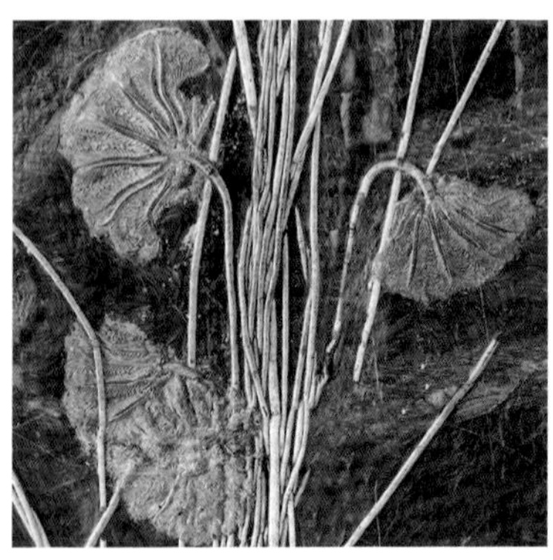
▶ 关岭创孔海百合

个体较大，冠长30 cm以上，茎长可大于150 cm。冠大，上宽下窄，呈百合花状。萼部小，碗状，碗板交错排列，碗内侧分粗羽支和细羽支，碗侧分粗羽支，对称生长。茎圆，无蔓枝，根锚状。

脊椎动物亚门

无颌纲

锅顶山汉阳鱼 *Hanyangaspis guodingshanensis*

分类地位：汉阳鱼目、江汉鱼科
化石产地：武汉 汉阳
地质年代：早志留世
生活环境：河口或三角洲及滨海环境
典型大小：背甲长15 cm

锅顶山汉阳鱼属于无颌类的盔甲鱼类，是锅顶山志留纪地层中最具代表性的化石种类之一。背壳大，略呈五边形，长宽相近。腹环的后部闭合。前中背孔特大，洞穿背甲，位置近吻缘，呈横宽的卵圆形。口孔前腹位，头甲吻缘腹腔环的后缘构成口孔前缘，口后片的前缘构成口孔后缘。眶孔相距很远，在前腹侧位。眶下沟与侧背沟相连。纹饰呈星状突起，基部彼此不整合。骨片的中层呈蜂窝状。

▶ 锅顶山汉阳鱼头甲局部

▶ 锅顶山汉阳鱼胸角

孟氏中生鳗 *Mesomyzon mengae*

分类地位：七鳃鳗目、七鳃鳗科
化石产地：内蒙古 宁城
地质年代：早白垩世
生活环境：生活于淡水湖泊中
典型大小：体长8 cm

▶ 孟氏中生鳗

七鳃鳗属于原始的无颌类，在地球上至少已生存了3亿年以上。现生的七鳃鳗广泛分布于寒、温带的淡水和近海水域。新种首次发现于淡水环境，化石保存较好，保存了许多重要的形态特征。七鳃鳗起源于海洋，新种显示至少早在白垩纪，其中一部分脱离了海洋，这一新种类在形态上已十分接近现生类群。

宽展亚洲鱼 *Asiaspis expansa*

分类地位：华南鱼目、华南鱼科
化石产地：广西 横县
地质年代：早泥盆世
生活环境：生活于滨海环境
典型大小：体长12 cm

▶ 宽展亚洲鱼背甲

宽展亚洲鱼属于无颌类中的华南鱼类。亚洲鱼是中国最早描述的带有吻突和侧展的胸角的华南鱼类化石之一，在地层和生物对比上具有重要意义，在早泥盆世的中晚期与其他的如三岔鱼、鸭吻鱼、龙门山鱼等组成了种类繁多的华南鱼类世界。

盾皮纲

沟鳞鱼 *Bothriolepis*

分类地位：胴甲鱼目、沟鳞鱼科
化石产地：云南 武定
地质年代：中泥盆世
生活环境：生活在沿海和河道口
典型大小：体长40 cm

▶ 沟鳞鱼的部分头甲和胸附肢

具甲，头甲半圆形，头部和胸部的外面由许多块骨板合成，上面有弯曲的细沟。腹部长有1对长而坚硬的胸附肢，用以在水底保持平衡。中国的华南泥盆纪地层富含沟鳞鱼化石。

计氏云南鱼 *Yunnanoiepis chii*

分类地位：云南鱼目、云南鱼科
化石产地：广西 南宁
地质年代：早泥盆世
生活环境：生活于滨海环境
典型大小：体长15 cm

▶ 计氏云南鱼头甲

计氏云南鱼属于已灭绝的盾皮鱼类中的原始胴甲鱼类，是非常原始的有颌脊椎动物，主要发现于中国云南、广西和四川等地的早泥盆世地层中。除了具有原始的上、下颌外，其头和躯体前部均被膜质骨甲包裹，很像现在的乌龟。计氏云南鱼作为中国极具地方特色的胴甲鱼类，是早泥盆世脊椎动物的典型代表。

云南斯氏鱼 *Szelepis yunnanensis*

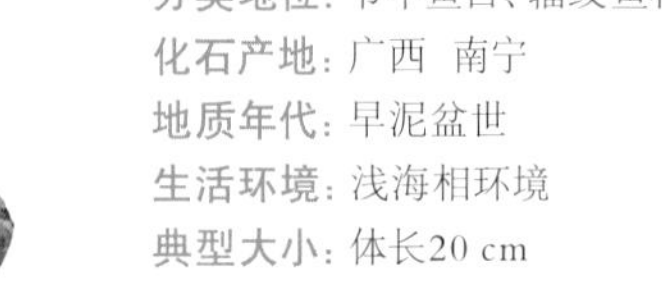

▶ 云南斯氏鱼头甲

分类地位：节甲鱼目、辐纹鱼科
化石产地：广西 南宁
地质年代：早泥盆世
生活环境：浅海相环境
典型大小：体长20 cm

云南斯氏鱼属于盾皮鱼类中的原始节甲鱼类。云南斯氏鱼的头甲与其他的节甲鱼类头甲呈宽短形有所不同，其颅顶甲狭长，除皮质骨鼻囊和后缘片外，组成头甲的其余甲片彼此愈合，这是早泥盆世原始节甲鱼类的典型特征。云南斯氏鱼目前仅在云南和广西等地的早泥盆世地层中发现，对研究4亿年前云南广西的古地理环境具有重要意义。

棘鱼纲

中华棘鱼 *Sinacanthus*

分类地位：棘鱼目、棘鱼科
化石产地：武汉 汉阳
地质年代：早志留世
生活环境：河口或三角洲及滨海环境
典型大小：鱼棘长5 cm

▶ 中华棘鱼的鳍棘

鳍棘大，扁平，长而宽，末端略显弯曲，形似尖刀。中腔大，壁薄，近基部的横切面为三角形，延纵面布满细长的纵脊与沟痕，互相平行，并与棘的弯曲一致，大部分向末端聚合。含中华棘鱼的地层不是典型的海相层，而且也很少和海相化石一起保存，保存下来的化石也较破碎，仅有鳍棘，至今未发现过完整的个体。

硬骨鱼纲

斑鳞鱼 *Psarolepis*

分类地位：总鳍鱼目、班鳞鱼属
化石产地：广西 南宁
地质年代：早泥盆世
生活环境：滨海相环境
典型大小：体长25 cm

▶斑鳞鱼下颌

斑鳞鱼属于硬骨鱼类中的原始肉鳍鱼类，目前仅在广西和云南等地的早泥盆世地层中有发现。斑鳞鱼是研究四足动物起源的重要材料，属于整个硬骨鱼类分类系统中的祖先或基干地位，是最原始的肉鳍鱼类，这种早期肉鳍鱼类的发现揭示了中国华南是肉鳍鱼类的起源中心，为探讨原始硬骨鱼类的早期演化历史提供了重要依据。

小鳞贵州鳕 *Guizhouniscus microlepidus*

分类地位：古鳕目、古鳕科
化石产地：云南 富源
地质年代：晚三叠世早期
生活环境：水体相对较深的局限海或泻湖环境
典型大小：体长35 cm

鱼个体颇大，身体呈长纺锤形。上、下颌骨为典型的古鳕型。口裂很长，口缘具有锥状牙。腹鳍小，位于胸鳍和臀鳍之间。背、臀鳍颇大，前者位于身体中后部；后者比前者大且长，鳍条数目多。背鳍的起点稍在臀鳍的起点之前。棘鳞发育。歪尾型，尾鳍正形且尾裂深。硬鳞很小，为菱形。躯干横列、鳞列数目多。

▶小鳞贵州鳕

古鳕鱼 *Palaeoniscidae sp.*

分类地位：古鳕目、古鳕科
化石产地：云南 富源
地质年代：晚三叠世早期
生活环境：水体相对较深的局限海或泻湖环境
典型大小：体长10 cm

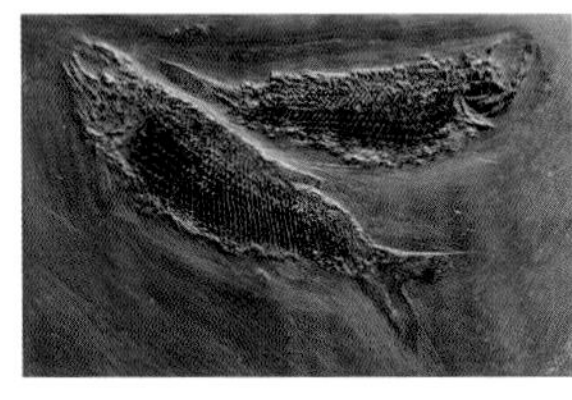

▶ 古鳕鱼

体呈长纺锤形，骨骼主要是软骨。上颌骨与前鳃骨紧密连接，几乎不能动，上颌具有独特的菜刀形。顶骨和额骨皆一对。悬挂骨倾斜，眼大，位于头部的前端。下鳃盖小于鳃盖，无间鳃盖。牙齿圆锥形。鳞片多为菱形硬鳞，表面有珐琅质，棘鳞发育。背鳍的辐状骨多于鳍条数，歪尾型，上叶有硬鳞。未定种。

新疆维吾尔鳕 *Uighuroniscus sinkiangensis*

分类地位：古鳕目、古鳕科
化石产地：新疆 吐鲁番
地质年代：早白垩世
生活环境：生活于淡水湖泊中
典型大小：体长16 cm

▶ 新疆维吾尔鳕

个体小，长纺锤形。吻圆钝。顶骨大，长方形。上颌骨后部呈三角形。下颌骨很窄长。鳃盖骨高大，略呈长方形。胸鳍大，鳍条约25根。腹鳍条27~30根。背鳍居腹鳍和臀鳍之间空隙的上面，鳍条26~30根。所有鳍条均完全分节，均具基部棘鳞。尾鳍为全歪型，深分叉。鳞片小，菱形，表面有脊和沟，通常有锯齿状后缘。

优美贵州弓鳍鱼 *Guizhouamia bellula*

分类地位：弓鳍鱼目、弓鳍鱼科
化石产地：云南 富源
地质年代：晚三叠世早期
生活环境：水体相对较深的局限海或泻湖环境
典型大小：体长8 cm

鱼个体小，身体纺锤形，脊索发育，脊椎数目较少，椎体未完全骨化。前尾区发育雏形双体锥形，髓骨、髓突、脉弧、脉突、椎体、横突和肋骨完全骨化。上髓突片状，数目少。偶鳍小且鳍条较少。背、臀鳍的形状和结构为典型的弓鳍鱼型。半歪尾型，无尾裂。各鳍鳍条分叉简单。

▶ 优美贵州弓鳍鱼

辽宁中华弓鳍鱼 *Sinamia liaoningensis*

分类地位：弓鳍鱼目、弓鳍鱼科
化石产地：辽宁 朝阳
地质年代：早白垩世
生活环境：生活于淡水湖泊中
典型大小：体长30 cm

▶ 辽宁中华弓鳍鱼

辽宁中华弓鳍鱼属硬骨鱼纲、中华弓鳍鱼属的一种，新种。体型短粗，吻骨较短，鼻骨近四方形，围眶骨较多(6)，前鳃盖骨强烈弯曲，背鳍条较少(18)，尾鳍条较多(16)，臀鳍鳍基起点到鱼体背缘的鳞列较多(32)，鳞片后缘不具锯齿，尾鳍具有纤维状的角质鳍条。

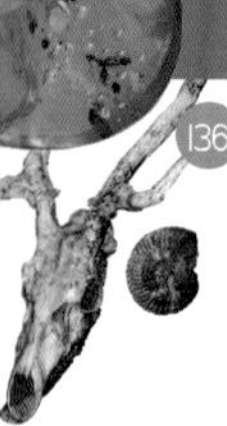

意外无鳞鱼 *Gymnoichthys inoponatus*

分类地位：辐鳍亚纲、无鳞鱼属
化石产地：云南 罗平
地质年代：中三叠世
生活环境：海水交替升降的富氧和缺氧环境
典型大小：体长13 cm

▶ 意外无鳞鱼

中等大小，全身无鳞，仅侧线附近有一列不连续的鳞片，眶后骨不存在，额骨宽大，椎弓和椎棘与彼此相连的一端均较宽大，背鳍和臀鳍的最后一块支持骨支持多根鳍条，尾鳍具强壮的棘鳞。大约有脊椎44个、胸鳍13根、腹鳍8根、背鳍19根、臀鳍14根。

高背罗雄鱼 *Luoxiongichthys hyperdorsalis*

分类地位：辐鳍亚纲、罗雄鱼属
化石产地：云南 罗平
地质年代：中三叠世
生活环境：海水交替升降的富氧和缺氧环境
典型大小：体长15 cm

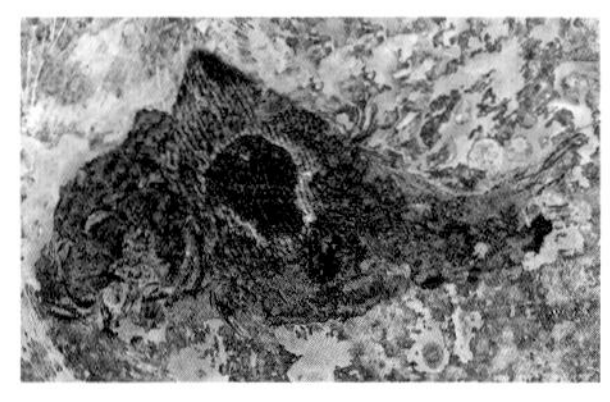

▶ 高背罗雄鱼

中等体型，侧扁；身体轮廓为三角形，背鳍之前的背部区域高高耸起成为三角形的一个顶点；腮盖系统完整，有间腮盖；牙齿分布在上下颌副碟骨和内翼骨上，口裂小；尾为半歪尾；鳍条在中部分节并在尖端分叉；鳍前边缘棘鳞发育；身体被四边形倒菱形的鳞片覆盖，表面有瘤点纹饰，后缘具梳状纹饰，鳞片由楔臼结构连接。

安氏马可波罗鱼 *Marcopoloichthy ani*

分类地位：辐鳍亚纲、马可波罗鱼科

化石产地：云南　罗平

地质年代：中三叠世

生活环境：海水交替升降的富氧和缺氧环境

典型大小：体长3.5 cm

▶安氏马可波罗鱼

个体小，全身裸露，无鳞片覆盖；上、下颌伸长，上颌骨前端呈叶片状，表面有纵向的脊纹；前鳃盖呈“L”形；间腮盖相当小；脊椎没有骨化或钙化的中心，尾部呈双椎体型，最多有6块尾上骨；腰带特别大；背鳍和臀鳍的第一根和最后一根支持骨形态变化很大，背鳍的第一根支持骨很大，呈斧头状，只支持背鳍棘鳞，臀鳍的第一根支持骨伸长，背鳍和臀鳍的最后一根支持骨呈回行镖状，支持多根鳍条；尾鳍有很大的棘鳞和边缘棘鳞。

宽泪颧骨罗平空棘鱼 *Luopingcoelacanthus eurylacrimalis*

分类地位：空棘鱼目、空棘鱼科

化石产地：云南　罗平

地质年代：中三叠世

生活环境：海水交替升降的富氧和缺氧环境

典型大小：体长30 cm

▶宽泪颧骨罗平空棘鱼

空棘鱼属于中型食肉鱼类，起源于三亿六千万年前，活跃于三叠纪的淡水及海水中，这种鱼至今仍然存在于深海中。中等体型，侧扁。副蝶骨的腹面分布着许多圆形的牙齿。内翼骨

背缘与腹缘的夹角为100°，且腹缘平直。前颌骨分布着强壮的牙尖。颊部由泪颧骨、眶后骨、鳞状骨、前鳃骨、鳃盖和气门板组成，泪颧骨三角形，其后宽大且后边缘具凹口。齿骨分叉强烈，牙齿分布在单独的齿板上。胸鳍有20根鳍条，两条背鳍。尾鳍分三叶，椎棘在第一背鳍和头部之间很短，在两背鳍之间最长，脉棘在第一背鳍的后边缘处才出现。肋骨未骨化，鳞片呈椭圆形，前部有同心纹，后缘有脊状纹饰。

长奇鳍中华龙鱼 *Sinosaurichthys longimedialis*

分类地位：龙鱼目、龙鱼科
化石产地：云南 罗平
地质年代：中三叠世
生活环境：海水交替升降的富氧和缺氧环境
典型大小：体长40 cm

中等体型，奇鳍伸长达到下颌的长度；鳃盖到尾鳍之间的锥弓数减少，具椎棘的椎弓数减少；背鳍前背中鳞个数比属型减少；尾椎具14~15个特征明显的脉棘；胸鳍呈三角形，长约下颌的1/3；两侧后颞骨至上匙骨以背中鳞列为界；匙骨呈靴形，6列鳞，背中鳞列比腹中鳞列宽，呈心形。

▶ 长奇鳍中华龙鱼

小型中华龙鱼 *Sinosaurichthys minuta*

分类地位：龙鱼目、龙鱼科

化石产地：云南 罗平

地质年代：中三叠世

生活环境：海水交替升降的富氧和缺氧环境

典型大小：体长15 cm

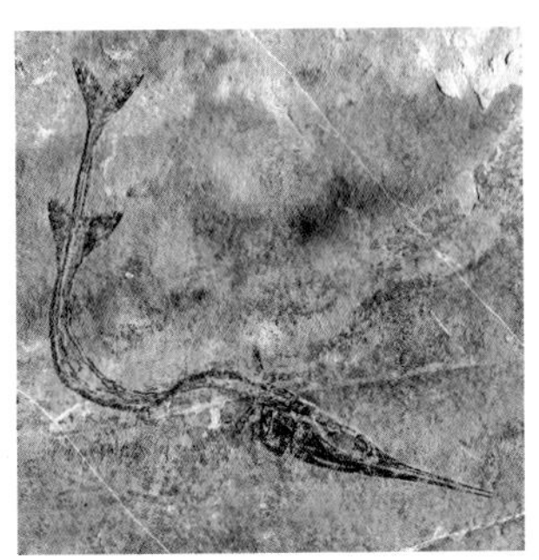

▶小型中华龙鱼

小型体型，成年个体全长不超过210 mm；背鳍和臀鳍小，呈三角形，鳍条分节数相对多；尾柄处具一些特征明显的脉棘；匙骨呈靴形，两侧的后颞骨上匙骨以背中鳞列为界；6列鳞，背中鳞列呈心形。

圣乔治鱼 *Sangiorgioichthys*

分类地位：半椎鱼目、半椎鱼科

化石产地：云南 罗平

地质年代：中三叠世

生活环境：海水交替升降的富氧和缺氧环境

典型大小：体长10 cm

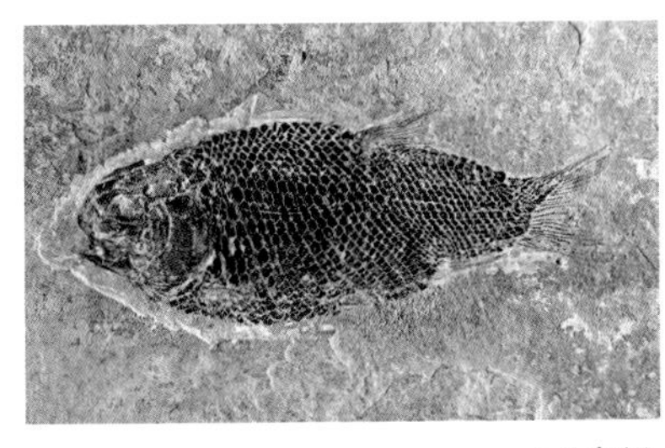

▶圣乔治鱼

中等体型。前鳃盖前有一块很大的眶下骨，7块眶后骨，眶上骨2块，靠前的眶上骨伸长，前端尖。口裂小。牙齿分布在上颌骨、下颌骨和前颌骨上；大部分鳞片后缘平直，只有少部分鳞片后缘有锯齿，背脊鳞发育。

兴义亚洲鳞齿鱼 *Asialepidotus shingyiensis*

分类地位：半椎鱼目、鳞齿鱼科
化石产地：云南 富源
地质年代：晚三叠世早期
生活环境：水体相对较深的局限海或泻湖环境
典型大小：体长20 cm

▶ 兴义亚洲鳞齿鱼

鱼体呈高纺锤形，头尾均较长，约小于体长1/3，背鳍基线较长，起点位于腹鳍起点稍后，所有鳍的棘鳞都不太发达；头骨外部骨片和鳞盖的表面具有细小疣突，鳃盖骨略呈长方形，下鳃盖骨较上鳃盖骨小；尾鳍深分叉，半歪尾形，鳍条分叉分节；鳞片菱形，躯干前部侧鳞较大，较厚，略成长方形，鳞片表面光滑。

东方肋鳞鱼 *Peltopleurus orientalis*

分类地位：肋鳞鱼目、肋鳞鱼科
化石产地：云南 富源
地质年代：晚三叠世早期
生活环境：水体相对较深的局限海或泻湖环境
典型大小：体长4 cm

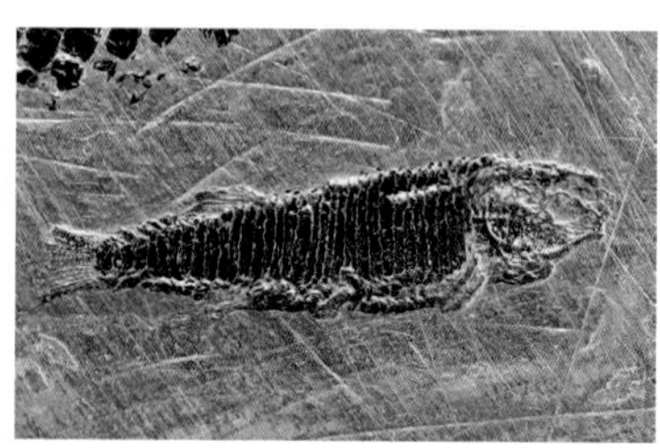
▶ 东方肋鳞鱼

体小，呈纺锤形。头小，其长小于体高，头部骨片表面光滑，上颌骨后部略呈三角形。鳃盖骨较下鳃盖骨略大。前鳃盖骨直立，上部加宽，呈板状。背鳍较臀鳍小，其起点居臀鳍起点稍前。体侧鳞片特别高。

贵州中华真颚鱼 *Sinoeugnathus kueichouensis*

分类地位：全骨总目、真颚鱼科
化石产地：贵州 兴义
地质年代：晚三叠世早期
生活环境：水体相对较深的局限海或泻湖环境
典型大小：体长15 cm

▶ 贵州中华真颚鱼

个体中等大小，体呈纺锤形；头长于体高，额骨长而狭，后端扩大；顶骨短小，略呈方形；眼眶较大；位于头部的中部略前；口裂深，上颌骨细而长，下颌长而窄，牙齿尖锐，中等大小；前鳃盖骨下肢显著向前弯曲；背鳍起点居体的中点略后，腹鳍起点几乎介于胸鳍和腹鳍中间；尾柄显著收缩，尾鳍分叉深，鳍条自基部即分节；尾鳍上叶的棘鳞中等大小，鳞片厚大，躯干前部的侧鳞高大于宽。

刘氏原白鲟 *Protopsephurus liui*

分类地位：鲟形目、匙吻鲟科
化石产地：内蒙古 宁城
地质年代：早白垩世
生活环境：生活于淡水湖泊中
典型大小：体长50 cm

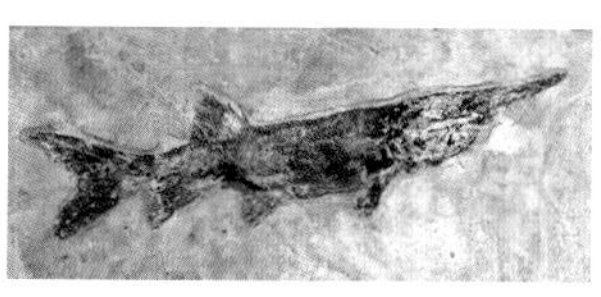

▶ 刘氏原白鲟

体呈纺锤形，体长可达1 m。头长，略扁平。头长约为全长的1/4，吻部极为突出，前端渐变尖细，吻端稍上翘。眼小，口大，口缘无牙齿。躯干和尾部侧扁，吻端稍上翘。眼小，口大。口缘无牙齿。躯干和尾部侧扁，腹面不明显扁平，身体两侧齿状鳞片密布，背鳍较大，居臀鳍之前，大小相似，腹鳍位于胸鳍与臀鳍之中部，尾鳍叉裂明显。成体的尾鳍上下叶近对称发育，俗称“尖嘴”。

潘氏北票鲟 *Peipiaosteus pani*

分类地位：鲟形目、北票鲟科
化石产地：辽宁　北票
地质年代：早白垩世
生活环境：生活于淡水湖泊中
典型大小：体长40 cm

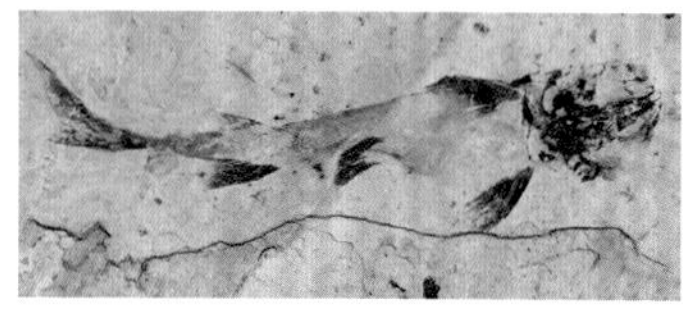
▶ 潘氏北票鲟

幼鲟不足5 cm，成鲟可达90 cm。内骨骼全部为软骨质，外骨（鳞片）退化，鱼体几乎全裸无鳞，体长，成梭形，背缘较平直，头宽而平直。口宽，吻部圆钝。牙齿退化，背鳍条数37~42，臀鳍条数34~38，尾鳍条数83~89，尾鳍为长歪尾，尾上叶无菱形鳞片，为淡水定居或溯河性鱼类，与狼鳍鱼共生。

长背鳍燕鲟 *Yanosteus longidorsalis*

分类地位：鲟形目、北票鲟科
化石产地：辽宁　朝阳
地质年代：早白垩世
生活环境：生活于淡水湖泊中
典型大小：体长50 cm

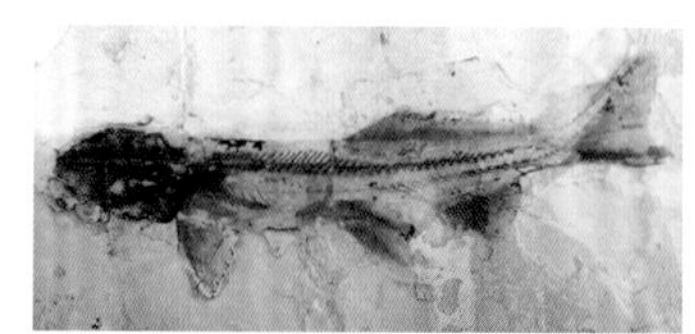
▶ 长背鳍燕鲟

体似纺锤形，背缘较平直。头略扁平，长大于高，头长约为全长的1/5 。吻部稍突出，口宽，弧形，口裂近达眼缘，口缘无牙齿。眼位于头部两侧前上方。躯干部腹面不扁平，尾部较粗。背鳍很长，可达全长的1/3左右，背鳍条约170根，臀鳍条50余根，胸腹鳍条40余根。方颧骨长条形。骨骼骨化程度较高，鳍条上残留有硬鳞质，尾鳍无轴上鳍条。其较北票鲟鱼更为原始一些。

裂齿鱼 *Perleididae*

分类地位：裂齿鱼目、裂齿鱼科
化石产地：江苏 句容
地质年代：早三叠世
生活环境：三叠纪的海洋
典型大小：体长15 cm

▶ 裂齿鱼

裂齿鱼是"亚全骨鱼类"中最庞大的种群，以裂齿鱼科为例，目前就有属种近30个，并在世界各地均有广泛分布。身体呈纺锤形，体侧鳞约50列，鳞片光滑，后缘无锯齿。头部上颌骨似古鳕型，口裂相对古鳕浅，下颌骨窄长，上下颌均有尖锥形牙齿。鳃盖骨小于下鳃盖，前鳃盖骨较大，鳃条骨为2～6条。背鳍、胸鳍、臀鳍前缘均有棘鳞，部分标本可见支鳍骨，数量与鳍条相同，尾鳍为半歪尾型。

长头吉南鱼 *Jinanichthys longicephalus*

分类地位：狼鳍鱼目、狼鳍鱼科
化石产地：辽宁 建昌
地质年代：早白垩世
生活环境：生活于淡水湖泊中
典型大小：体长20 cm

▶ 长头吉南鱼

体细长，呈纺锤形。最大体高位于头后，体高约为全长的1/6。头大，头长大于体高，约为全长的1/4，头高与体高近于相等。眼大，位稍后。口裂较浅。脊椎约为47个。背鳍起点居臀鳍起点之前。尾鳍分叉深，尾柄较高。以额骨窄长，辅上颌骨很大，前鳃盖骨上、下肢近等长等特征，区别于狼鳍鱼其他各种。

中华狼鳍鱼 *Lycoptera sinensis*

分类地位：狼鳍鱼目、狼鳍鱼科
化石产地：山东 莱阳
地质年代：早白垩世
生活环境：生活于淡水湖泊中
典型大小：体长8 cm

▶ 中华狼鳍鱼

体小，呈纺锤形，身体最高位于胸鳍和腹部之间，体高为全长1/4~1/3；头大，喙端圆钝，头长与头高几乎相等；眼大，口缘具大的锥形齿，上颌骨口缘平直，有别于戴氏狼鳍鱼，背椎42~45个，其中尾部椎体21~22枚，最末3个尾椎上扬。有肋骨18~21对。背鳍位置偏后，起点于臀鳍起点之前的1~2个背椎，此特点略同于室井氏狼鳍鱼，尾鳍分叉浅，分叉鳍条不多于15条。鳞片圆形，鳞焦近居中央，基区有较多辐射沟。

戴氏狼鳍鱼 *Lycoptera davidi*

分类地位：狼鳍鱼目、狼鳍鱼科
化石产地：辽宁 凌源
地质年代：早白垩世
生活环境：生活于淡水湖泊中
典型大小：体长10 cm

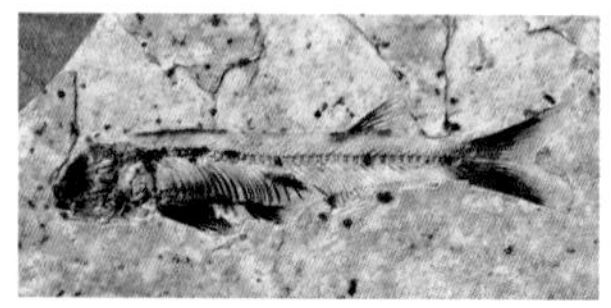
▶ 戴氏狼鳍鱼

戴氏狼鳍鱼为一种已经灭绝的真骨鱼类。鱼体呈纺锤形，背缘平直。头大，头高与体高约相等。顶骨大，顶骨后部并不被上枕骨分开。口裂中等大小，上颌骨长大，前上颌骨很小，齿骨大，在口缘及副蝶骨腹面均生有细小锥形齿。鳃盖骨大，椭圆形。椎体骨化完全，仍保留有较大的脊索穿孔，最前端脊椎特化。椎体数目为41～47个，肋骨18～20对。背鳍起点位于臀鳍起点以后或相对，尾鳍分叉大，叉裂浅，分叉鳍条多为16根，常有一个尾上骨。尾正型，圆鳞，核居中央。

室井氏狼鳍鱼 *Lycoptera muroii*

分类地位：狼鳍鱼目、狼鳍鱼科
化石产地：辽宁 义县
地质年代：早白垩世
生活环境：生活于淡水湖中
典型大小：体长10 cm

▶ 室井氏狼鳍鱼

鱼体呈纺锤形，略侧扁。头短，头长与头高近相等，但小于体高。全长为头长的4.5～5倍，体长为体高的3～3.5倍。额骨宽短，齿骨冠状突较明显，口喙及口内的尖锥形牙齿硕大。脊椎40～41枚，其中尾部椎体较稳定为19枚，有肋骨18～19对。尾柄细而短。背鳍起点略前于臀鳍起点。尾鳍分叉，鳍条不多于15根，无尾上骨。鳞片圆形，较厚大。鳞片的核大，偏于顶区，同心生长环线细密。基区约有20条辐射沟。

山东少鳞鳜 *Coreoperca shandongensis*

分类地位：鲈形目、少鳞鳜属
化石产地：山东　山旺
地质年代：中新世
生活环境：亚热带温暖湿润气候下的山旺湖
典型大小：体长15 cm

▶ 山东少鳞鳜

体宽、侧扁、头长、眼眶大、口裂大，最大体高位于背鳍起点处或稍后，背鳍前骨式，背鳍式；臀鳍条多数为9根；匙骨后缘光滑无锯齿；角舌骨上边缘有细长形窗孔；主鳃盖骨后缘两枚大小相仿的扁棘，上边缘隆起为弧形；前鳃盖骨后下角及下缘锯齿强壮而不甚规则，呈弱棘状，棘上分布有数目不等的小锯齿；间鳃盖骨下表面及边缘有细的粗糙突起；下鳃盖骨和间鳃盖骨下边缘均有弱锯齿；顶骨近不等边梯形，宽大于长；脊椎骨30个。

秀丽洞庭鳜 *Tungtingichthys gracilis*

分类地位：鲈形目、鮨科
化石产地：广东　三水
地质年代：早始新世
生活环境：热带、亚热带的淡水湖泊
典型大小：体长5 cm

▶ 秀丽洞庭鳜

鱼体小，较低，侧扁。最大体高位于腹鳍起点处，体长为体高的2.6～3.3倍，头长的2.5～2.9倍。背鳍前骨式，背鳍有硬鳍棘和鳍条组成，背鳍棘多数个体为8根，少数为9根。臂鳍和腹鳍均有硬鳍棘，臂鳍条7～8根。鳞片上的栉短而钝。尾鳍上下主鳍条外侧各有短鳍条12根。

湖泊剑鮠 *Aoria lacus*

▶ 湖泊剑鮠

分类地位： 鲶形目、鮠科
化石产地： 湖南　湘乡
地质年代： 始新世
生活环境： 生活于河流或淡水湖泊
典型大小： 体长7 cm

鱼呈长纺锤形，中等大小。上下颌具有绒毛状齿丛。胸鳍具有一根硬棘，生有锯齿；背鳍基短，具有一根硬棘；臀鳍中等长，约有14根分叉鳍条。尾叉形。

骨唇鱼 *Osteochilus*

分类地位： 鲤形目、鲤科
化石产地： 湖南　湘乡
地质年代： 始新世
生活环境： 生活于河流或淡水湖泊
典型大小： 体长8 cm

体形较小，鱼体略呈纺锤形，头长稍大于头高，体长为头长的3～4倍。背鳍基较长，胸鳍位置靠下，腹鳍腹位，臀鳍很短，尾鳍深叉状，圆鳞，触须短，通常4根。

▶ 骨唇鱼

湖北江汉鱼 *Jianghanichthys hubeiensis*

分类地位：鲤形目、鲤科
化石产地：湖北 松滋
地质年代：早始新世
生活环境：淡水湖泊
典型大小：体长12 cm

▶ 湖北江汉鱼

体小，侧扁，纺锤形；顶骨小，额骨具发达的侧嵴；口端位，口裂小；前上颌骨三角形，上颌骨组成口裂的侧缘；眼眶大，泪骨发达；脊椎前的4个脊椎骨各自分离，相互不愈合；尾正型，尾鳍深叉裂；各鳍无棘刺，近基部的部分不分节；鳞片大，圆形，放射纹极发育。骨骼已磷酸盐化，大部分鳞片清晰，形态完整。骨质呈褐色、浅褐色、深褐色半透明、微透明状。

临朐鲁鲤 *Lucyprinus linchiiensis*

分类地位：鲤形目、鲤科
化石产地：山东 山旺
地质年代：中新世
生活环境：亚热带温暖湿润气候下的山旺湖
典型大小：体长10 cm

▶ 临朐鲁鲤

鱼体纺锤形，侧扁，背腹缘呈弧形，头中等大小，上枕骨不插入二顶骨间，口端位，吻钝或略尖，口裂倾斜，头长小于或等于头高，头高小于体高。背鳍起点位于腹鳍起点略后。背腹缘浑圆，体高大于头高，头长小于头高，口端位，吻钝，侧缘鳞约28个。尾鳍分叉，尾柄高为尾柄长的1.4倍。圆鳞，咽齿为次臼齿形，3行齿。

山旺齐鲤 *Qicyprinus shanwangensis*

分类地位：鲤形目、鲤科
化石产地：山东 山旺
地质年代：中新世
生活环境：亚热带温暖湿润气候下的山旺湖
典型大小：体长15 cm

▶山旺齐鲤

鱼体长纺锤形，侧扁，背腹缘呈弧形或腹缘平直。口端位，吻略尖，背鳍起点位于腹鳍起点略后。背鳍距吻端显著大于距尾鳍基长，腹鳍距胸鳍小于距臀鳍，腹鳍距臀鳍等于距尾鳍基。尾柄长大于尾柄高。体长为体高2.8～3倍，为头长2.4～2.8倍。侧线鳞约27个，在鱼体中央通过。尾鳍深分叉，下咽齿3行，咽齿有次臼齿形齿和侧扁形齿。

奇异扁鲤 *Platycyprinus mirabilis*

分类地位：鲤形目、鲤科
化石产地：山东 山旺
地质年代：中新世
生活环境：亚热带温暖湿润气候下的山旺湖
典型大小：体长6 cm

▶奇异扁鲤

鱼体几近圆形，侧扁，体高。头部短高，颅顶宽短，上枕骨不插入二顶骨间，眼眶小。口端位，吻钝，口裂小，十分倾斜。鳃盖系统垂直延长。背鳍起点位于腹鳍起点之后，尾柄十分短粗，尾鳍浅分叉，钡线鳞从鱼体中央通过。圆鳞，具同心纹。咽齿次臼齿形。

大头颌须鮈 *Gnathopogo maeroaephal*

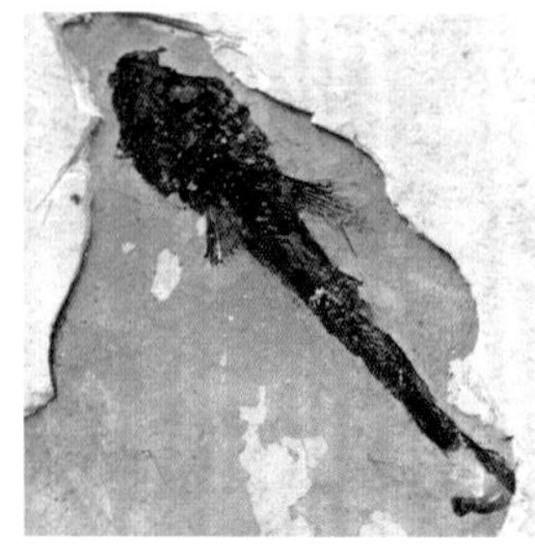
▶ 大头颌须鮈

分类地位：鲤形目、鲤科
化石产地：山东 山旺
地质年代：中新世
生活环境：亚热带温暖湿润气候下的山旺湖
典型大小：体长5 cm

鱼体小，窄长，侧扁，头长大于头高。口端位，背缘平直。体长为体高4.1倍，为头长3.1倍，为头高3.4倍，为尾柄长约5倍，为尾柄高7.6倍。头长为眼径3倍。为尾柄长1.6倍，为尾柄高2.6倍。尾柄长为尾柄高1.5倍。背鳍点距吻端大于距尾鳍基。

山旺颌须鮈 *Gnathopogo shanwangensis*

分类地位：鲤形目、鲤科
化石产地：山东 山旺
地质年代：中新世
生活环境：亚热带温暖湿润气候下的山旺湖
典型大小：体长5 cm

▶ 山旺颌须鮈

鱼体细长，体侧扁，背鳍缘平直。口端位，吻尖，口裂小，眼眶靠近前上方，背鳍位于腹鳍起点略前，背鳍条Ⅲ·7；臀鳍条Ⅲ·6。胸鳍条10根。腹鳍条7~8根。脊椎34个，尾柄细长，尾鳍分叉。背鳍起点距吻端略大于距尾鳍基，臀鳍距腹鳍小于距尾鳍基。体长为体高5.9倍，为头长3.6倍。

山东弥河鱼 *Miheiehthys shandongensls*

分类地位：鲤形目、鲤科
化石产地：山东 山旺
地质年代：中新世
生活环境：亚热带温暖湿润气候下的山旺湖
典型大小：体长3 cm

鱼体小，体高，头大，额骨宽短，顶骨大，眼眶大。口端位，上下颧骨十分倾斜，背鳍位于腹鳍与臀鳍之间。尾鳍分叉。下咽齿3行，咽齿侧扁，锥形。具弯钩状齿尖。头高等于体高，背腹缘里弧形。背鳍起点至吻端距显著大于至尾鳍基。臀鳍至尾鳍距大于至腹鳍距。腹鳍至臀鳍距大于至胸鳍距，体长为体高1.8倍，为头长2.3倍，为头高1.8倍，尾柄高大于尾柄长，尾鳍分叉。

▶ 山东弥河鱼

中新似雅罗鱼 *Plesioleuciscus miocenicus*

分类地位：鲤形目、鲤科
化石产地：山东 山旺
地质年代：中新世
生活环境：亚热带温暖湿润气候下的山旺湖
典型大小：体长6 cm

鱼体纺锤形，侧扁，口端位或亚上位，口裂短，吻钝或锐，前上颌骨具吻突。下颌稍突出，齿骨具窄的冠状突，上筛骨固着在额骨前缘，无前筛骨，背鳍位于腹鳍略后，圆鳞。背鳍起点至吻端距大于至尾鳍基距，尾柄长大于尾柄高，体长为体高的2.7~4.5倍，为头长的3.1~3.5倍，尾柄长为尾柄高的1.2~1.6倍。

▶ 中新似雅罗鱼

优美似雅罗鱼 *Plesioleuciscus nitidus*

分类地位：鲤形目、鲤科

化石产地：山东 山旺

地质年代：中新世

生活环境：亚热带温暖湿润气候下的山旺湖

典型大小：体长4 cm

▶优美似雅罗鱼

鱼体小，头中等大小，眼眶大，口裂十分倾斜。背腹缘略呈弧形，背鳍位于腹鳍起点之后。背鳍条Ⅲ·7，臀鳍条Ⅲ·8，胸鳍条14根，腹鳍条8根。背鳍起点距吻端显著大于距尾鳍基，腹鳍距胸鳍长约等于距臀鳍长。体长为体高的3倍，为头长的2.9倍。尾鳍深分叉。

榆社鲴 *Xenocyp yushensis*

分类地位：鲤形目、鲤科

化石产地：山西 榆社

地质年代：早上新世

生活环境：栖息于水流缓慢的河川湖泊中

典型大小：体长15 cm

▶榆社鲴

体型较高、侧扁，最大体高在胸鳍与腹鳍之间，体长约为体高的3倍。胸鳍颇长，几伸达腹鳍起点，其外侧第1根鳍条硕状。背鳍起点居体长中点以前，与腹鳍起点相对。第2根硬刺特别强大而平滑。腹鳍距胸鳍较距臀鳍近。臀鳍条11条，椎骨39个。尾鳍深分叉。鳞片为较小的圆鳞。侧线在胸鳍和腹鳍之间较显著地向下弯曲。

长胸鳍花鳅 *Cobitis longipectoralis*

分类地位：鲤形目、鳅科
化石产地：山东 山旺
地质年代：中新世
生活环境：亚热带温暖湿润气候下的山旺湖
典型大小：体长10 cm

▶ 长胸鳍花鳅

鱼体细长且侧扁，背腹缘平直。头小，口亚下位，吻部略向前伸出。额骨窄长，前锄骨与筛骨愈合为筛锄骨。眼位于头中部，脊椎42个。背鳍起点位于腹鳍起点之前，背鳍条Ⅲ·7，臀鳍条Ⅲ·5。尾鳍近于截形，后缘略突出。

两栖纲

蝌蚪 Tadpole

分类地位：无尾目、蛙科
化石产地：山东 山旺
地质年代：中新世
生活环境：亚热带温暖湿润气候下的山旺湖
典型大小：体长5 cm

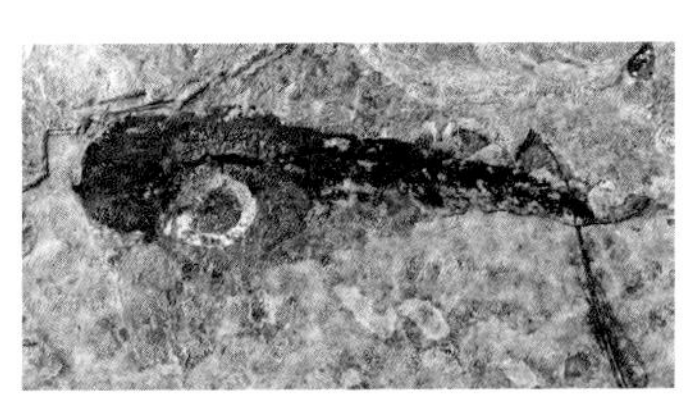

▶ 蝌蚪化石

山旺生物群两栖类、无尾目中除了成蛙之外，还有大量蝌蚪和正在变态过程中的变态蝌蚪化石。

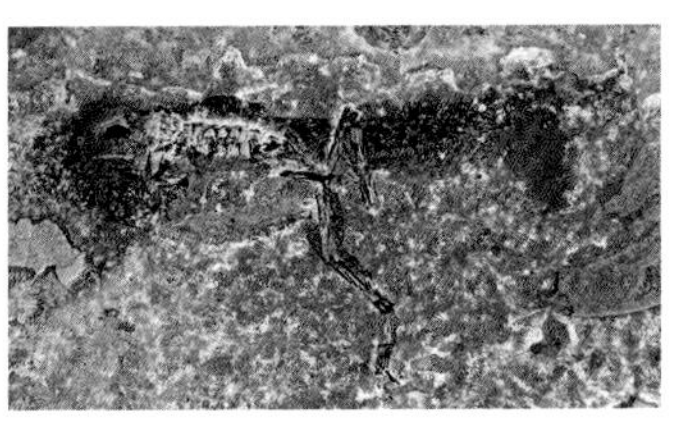

▶ 变态蝌蚪化石——已经发育出后肢

玄武蛙 *Rana basaltica*

分类地位：无尾目、蛙科

化石产地：山东 山旺

地质年代：中新世

生活环境：亚热带温暖湿润气候下的山旺湖及边缘地带

典型大小：体长8 cm

外形与现代蛙相似，头骨为三角形，头长比头后端的宽度长。皮肤裸露而光滑，属于滑体两栖类。脊椎9个，第2个脊椎有很强大的上副突。胫腓骨稍长于股骨。此标本完整地保存了皮肤印痕和骨骼。

▶ 玄武蛙成体

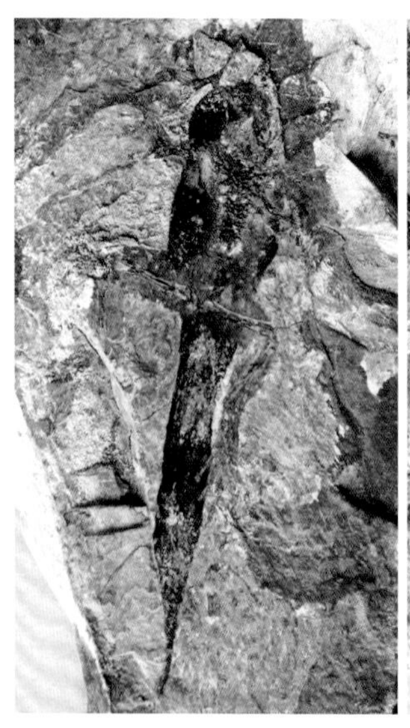

▶ 变态玄武蛙——四肢发育齐全，尾部没有消失

强壮大锄足蟾 *Macropelobates cratus*

▶ 强壮大锄足蟾

分类地位：无尾目、锄足蟾科

化石产地：山东 山旺

地质年代：中新世

生活环境：亚热带温暖湿润气候下的山旺湖及边缘地带

典型大小：体长15 cm

一种体型硕大的锄足蟾类。头极宽大，顶面具膜质外壳。上颌发育栉状细齿，梨骨齿显著退化，颚骨发达。蝶筛骨完全骨化，侧翼与腭骨愈合。荐前椎8个，均前凹型，无椎间垫。荐椎横突极展宽，成扇状。肩带弧胸型，腰带较长，坐骨板状后伸。后肢短而粗壮，足长于胫，拇前趾特化成锄形挖掘器官，是锄足蟾类适应掘土生活的明显特征之一。

临朐蟾蜍 *Bufo linquensis*

▶ 临朐蟾蜍

分类地位：无尾目、蟾蜍科

化石产地：山东 山旺

地质年代：中新世

生活环境：亚热带温暖湿润气候下的山旺湖及边缘地带

典型大小：体长10 cm

个体大，头宽显著大于头长，吻宽圆。上颌无齿，也无梨骨齿。副蝶骨前突极短，不及两侧突间宽度之半。荐前椎8个，均前凹型，椎横突粗壮发达。尾杆骨与荐椎呈双髁关节，且发育尾杆骨嵴。荐椎横突宽大，与身体长轴垂直相交。肩带弧胸型。腰带略成U型，无髂嵴，坐骨结节发达。后肢短粗，股骨S形弯曲明显。胫短，跗节长于胫长之半。

三燕丽蟾 *Callobatrachus sanyanensis*

分类地位：无尾目、盘舌蟾科
化石产地：辽宁 北票
地质年代：早白垩世
生活环境：生活于淡水湖泊及边缘地带
典型大小：体长10 cm

▶ 三燕丽蟾

三燕丽蟾的骨骼形态已经与现生无尾两栖类十分相近。头短宽，吻部圆弧形。额顶骨侧边平行；上颌骨前端一凹缺与前额骨相关节，二者上的牙齿沿颊—舌方向扩展，鳞骨的颧支不与上颌骨接触。具有9个荐前椎，荐椎横突为蝶翅型。3对自由肋和膨大的骶椎横突。胫腓骨略长于股骨；近端跗节长度大于胫骨的1/2倍。趾式2-2-3-4-3，第4趾最长。三燕丽蟾是亚洲首次发现的无尾两栖类中最原始的盘舌蟾类化石。

奇异热河螈 *Jeholotriton paradoxus*

▶ 奇异热河螈

分类地位：滑体两栖亚纲、有尾目
化石产地：内蒙古 宁城
地质年代：中侏罗世
生活环境：生活于淡水环境及边缘地带
典型大小：体长12 cm

两栖纲有尾目的一种，是中国已知最古老的有尾类之一。奇异热河螈的头骨特征与隐鳃鲵科和小鲵科的成员关系较近。翼骨具有一个不与上颌骨后端相连，而与头骨中部相连的前内侧突，鼻骨大，无前凹，额骨不向前侧方延伸，上颌弓短且不完整，前额骨的翼突显著，上颌骨短。具有17枚骶前椎，脊椎横突短，肋骨单头且近端膨大，前足指式2-2-3-2，后足趾式2-3-3-2。

中新原螈 *Procynops miocenius*

分类地位：有尾目、蝾螈科

化石产地：山东 山旺

地质年代：中新世

生活环境：亚热带温暖湿润气候下的山旺湖及边缘地带

典型大小：体长5 cm

▶ 中新原螈

体小，四肢纤弱的两栖类。尾短，仅为身长的一半。全身可能具有较匀细的瘤状斑点。但无大背或两侧大的斑点。头大小和一般性质的东方蝾螈很相近，但比之约小1/4或1/3，为已知蝾螈中最小者。

爬行纲

辽西满洲龟 *Manchurochelys liaoxiensis*

分类地位：龟鳖目、中国龟科

化石产地：辽宁 北票

地质年代：早白垩世

生活环境：生活于淡水湖泊

典型大小：体长30 cm

▶ 辽西满洲龟

个体中等大小，头骨极端短宽且扁平，两下颌支以大的角度68° 相交，下颌缝合部短。鼻孔小，向前上方张开。眼眶椭圆形，面向前侧上方。甲壳低平，背甲完全骨化，略呈短圆形，前缘中部内凹。椎盾短宽，第2—4椎盾六边形，宽显著大于长，椎板长大于宽，第1，2椎板为长方形，第3—8椎板呈短侧边朝向前的六边形。腹甲十字形，前端锐圆，略尖。骨桥宽度中等，腹甲侧窗1对，较大，略呈半圆形，具腹甲中窗。

三趾马陆龟 *Testudo hipparionum*

分类地位：龟鳖目、陆龟科

化石产地：甘肃　和政

地质年代：晚中新世

生活环境：生活于炎热半干旱的陆地环境，以植物为食

典型大小：壳长18 cm

▶ 三趾马陆龟

个体中等大小，椭圆形，背甲凸。第2，4，6椎板为八角形，第3，5块为四边形。第一上臀板分叉，尾盾单块。颈盾狭，内腹甲大体成五角形，肱胸沟紧挨其后而过。喉盾区稍微突出。

圆陆龟 *Testudo sphaerica*

分类地位：龟鳖目、陆龟科

化石产地：甘肃　和政

地质年代：晚中新世

生活环境：生活于炎热半干旱的陆地环境，以植物为食

典型大小：壳长15 cm

▶ 圆陆龟

壳短宽而高，颈板狭。第2，4块椎板为八角形，第3，5块椎板为四边形。第一上臀板分叉，前缘狭。内腹甲六角形，前缘较后缘为尖，后端部分被肱胸沟割切。第3椎盾宽。喉盾小，喉盾区很不明显。

茂名无盾龟 *Anosteira maomingensis*

分类地位：龟鳖目、两爪鳖科
化石产地：广东 茂名
地质年代：始新世中晚期
生活环境：生活于淡水环境
典型大小：壳长25 cm

▶ 茂名无盾龟

化石甲壳特大，心脏形，骨板厚，颈板宽大于长，成横宽的扁六边形，前段中央后凹。椎板7块，第7块后半退化。肋板第1对特别大，其他各对前后宽度大体相似，最后3对稍窄。腹甲宽大，后半呈“丁”字形，舌腹板前沿呈平缓的波状线，剑腹板外沿不平行，向后缓慢尖斜，呈圆顶锐角收尾。腹甲的骨桥部分很宽。

临朐鳖 *Amyda linchuensis*

分类地位：龟鳖目、鳖科
化石产地：山东 山旺
地质年代：中新世
生活环境：亚热带温暖湿润气候下的山旺湖
典型大小：体长16 cm

▶ 临朐鳖

临朐鳖个体不甚大，各骨板紧密缝合。无前椎板，第1，2椎板都成短侧边朝后六角形，第2椎板的长度仅为第1椎板的70%左右。椎板均无棱嵴纹饰，但布满凹纹，头骨构造为典型鳖类。

胡氏贵州龙 *Keichousaurus hui*

分类地位：幻龙目、肿肋龙科
化石产地：贵州 兴义
地质年代：晚三叠世早期
生活环境：水体相对较深的局限海或泻湖环境
典型大小：成年个体30 cm

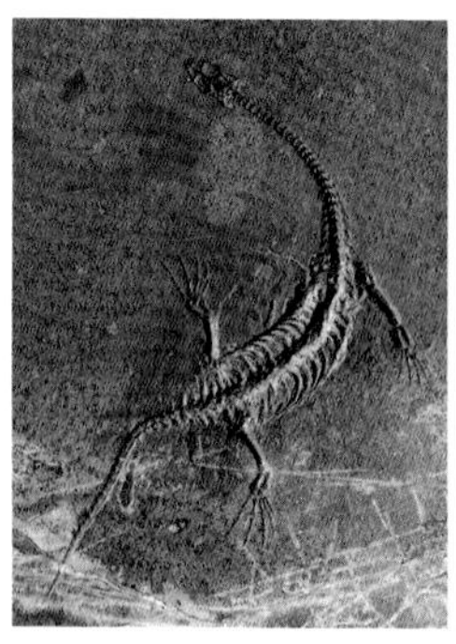

▶ 胡氏贵州龙成年个体

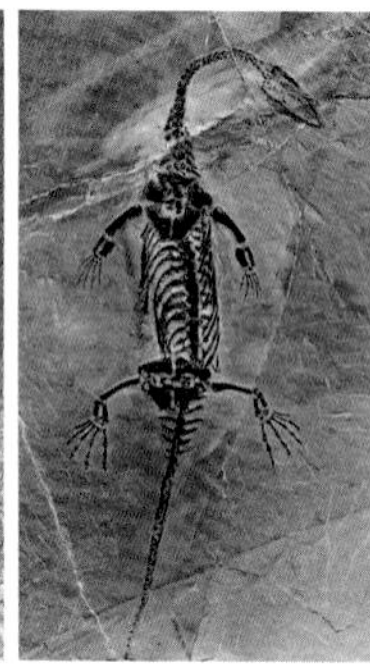

▶ 胡氏贵州龙青年个体

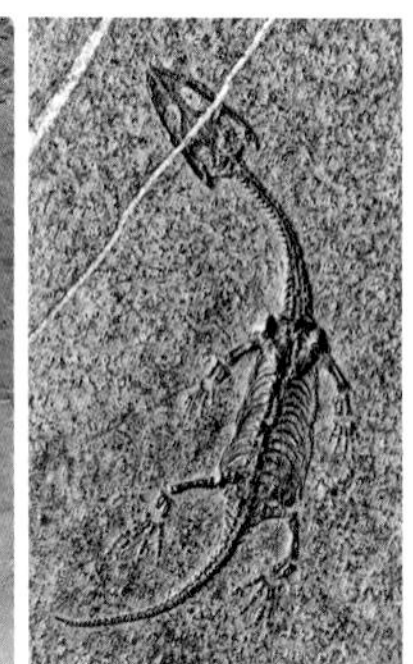

▶ 胡氏贵州龙幼年个体

头骨较小，呈三角形，眼眶大而圆，吻部小而尖，牙齿尖而圆。颈部细长，颈椎的椎体后部宽于前部。背椎比颈椎粗壮，肋骨末端稍尖，尾巴长，四肢仍保留趾爪，没有近化为鳍状。贵州龙缺乏胸骨，前肢略呈鳍状，显示在运动时，前肢发挥较大的作用。繁殖方式为卵胎生。贵州龙具有明显的个体发育特征，其幼体头部相对较大，肱骨长与股骨长之比小于或等于1；而成年个体（大于20 cm）头部相对较小，肱骨长与股骨长之比大于1。

意外兴义龙 *Shingyisaurus unexpectus*

分类地位：幻龙目、幻龙科

化石产地：贵州 兴义

地质年代：晚三叠世早期

生活环境：水体相对较深的局限海或泻湖环境

典型大小：体长1.5 m

为中等大小的海洋爬行动物，个体一般1.1~2 m，形如蜥蜴。四肢原始，未特化成鳍状；上颞颥孔明显大于鼻孔及眼孔，眼孔较小；头骨最宽处位于颞颥孔侧；吻部小而尖，牙齿为同一式；颈椎数为20~50个；背椎数为27~30个；荐椎数为3个；尾椎数大于30个；神经棘低；颈长，约为个体长的1/4；肱骨较股骨短。

▶意外兴义龙

混鱼龙 *Mixosaurus*

分类地位：鱼龙目、混鱼龙科

化石产地：贵州 盘县

地质年代：中三叠世

生活环境：仅限在浅海环境生活

典型大小：体长1.2 m

混鱼龙广泛分布于三叠纪中期地层中，为小型鱼龙类，相对原始。前颌骨后端收缩成点状，无鼻上分支。眼眶背缘由前额骨和后额骨构成的眼脊形成。头骨顶中央有长而显著的，由顶骨、额骨和鼻骨构成的顶冠，上颞孔前凹平台扩大至鼻骨区。尾部中段脊椎体明显增高。四肢呈标准的桡足状，四肢相对短而粗。

▶混鱼龙

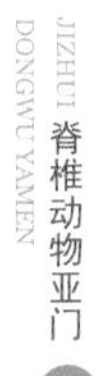

细小失部龙 *Yabeinosaurus tenuis*

分类地位：有鳞目、阿德蜥科
化石产地：内蒙古 宁城
地质年代：早白垩世
生活环境：生活于淡水湖泊
典型大小：体长15 cm

▶ 细小失部龙

个体小，颈短、身长、尾长。脊椎均为前凹型，颈椎5个，脊椎20个，荐椎2个，尾椎17个以上。头骨中等大小，较宽，吻短，吻尖较钝圆，侧缘稍向外突出。鼻孔小，眼孔大，前额骨不达眼孔，额骨成对，而顶骨合一。翼骨窄，上翼骨细小棒状，方骨很发育，牙为侧生齿，仅长在颌缘上，牙尖，圆锥形，向后弯曲，下颌纤细，肋细长而弯曲。

凌源潜龙 *Hyphalosaurus lingyuanensis*

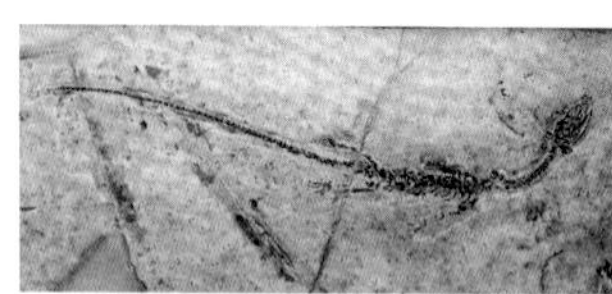
▶ 凌源潜龙

分类地位：离龙目、潜龙科
化石产地：辽宁 凌源
地质年代：早白垩世
生活环境：生活于淡水湖泊
典型大小：体长0.2~1.5 m

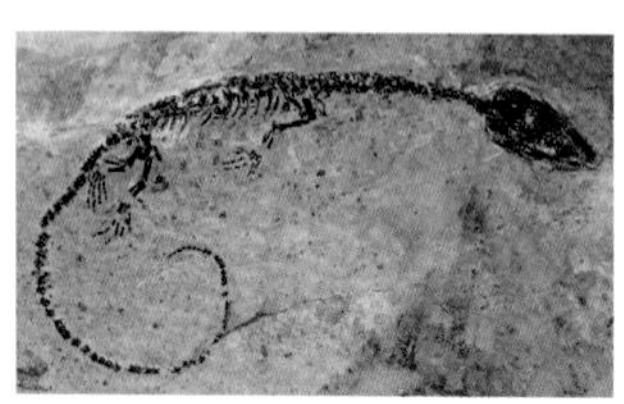
▶ 凌源潜龙幼体

潜龙是一属长颈双弓类水生爬行动物。体长可达1.5 m。头骨小，双弓型。椎体为平凹型，颈椎19个，背椎16~17个，荐椎3个，尾椎55~62个。前部尾椎有发育的肋横突。背肋肿大，呈S型。背肋至少13对。腹肋超过20组，每组由3段组成，每一椎体对应2—3组腹肋。没有锁骨，间锁骨T字形。前后足均五指（趾），第3趾长。潜龙不是游泳的高手，它们可能只能在水底爬行。“凌源中国水生蜥”是凌源潜龙的同物异名。

楔齿满洲鳄 *Monjurosuchus splendens*

分类地位：离龙目、满洲鳄科
化石产地：辽宁 凌源
地质年代：早白垩世
生活环境：生活于淡水湖泊
典型大小：体长0.3～3 m

属半水生的爬行动物。头骨扁平，眶孔相对较大，额骨狭窄。头部呈短三角形，背肋远端膨大，腹肋纤细。前后足具蹼，仅爪伸出。脊柱由8枚颈椎、16枚背锥、3枚荐椎和大约55枚尾椎组成。身体外面覆盖着小的叠瓦状鳞片，沿着背部两侧，从脖子、躯干一直到尾巴，分别分布着一排很大的卵圆形鳞片，这些大的鳞片独立分布，并不连接，分别被周边分布的小鳞片所包围。

▶ 楔齿满洲鳄

石油马来鳄 *Tomistoma petrolica*

分类地位：鳄形目、长吻鳄科
化石产地：广东 茂名
地质年代：始新世中晚期
生活环境：生活于淡水环境
典型大小：体长1.5 m

头骨呈长三角形，头顶“平台”发育，头骨表面除了方骨、方颧骨、眶后骨的一部分外，均布有大小不等的凹坑纹饰。眼孔大，为一不规则的卵圆形，前后径大于左右径。上颞孔约为眼孔的2/3，近圆形，间距小，鼻骨细长，后部变尖，分叉。牙齿深褐色，牙冠钝锥状，侧扁，前后缘均形成棱脊，在每个牙冠的中间部位有一宽1 mm左右的浅褐色环带，环带之下表面光滑，之上直到顶端布满微细的纵向褶皱。肱骨呈弯曲状，稍扭转。股骨弯曲度比肱骨强烈，背视为“S”形。

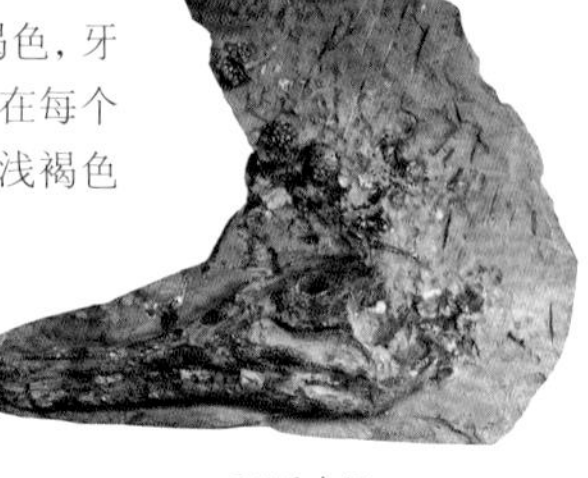

▶ 石油马来鳄

硅藻中新蛇 *Mionatrix diatomus*

分类地位：蛇目、游蛇科

化石产地：山东 山旺

地质年代：中新世

生活环境：湿润的亚热带混交中生林

典型大小：体长80 cm

▶ 硅藻中新蛇

游蛇是蛇类中最大的一个“家族”，它几乎包括了所有的无毒蛇和热带的一些毒性较小的蛇。身体中等大小，体长0.5～1 m。牙齿细小，分布紧密。上颚齿15颗左右，牙齿之间也无齿隙。颚骨11个左右。翼骨齿极细小，沿内侧边缘分布。翼骨呈扁的三角形。椎下突遍及全身，突起较短，但前后高度相同，向后无增高现象。

禄丰龙 *Lufengosaurus*

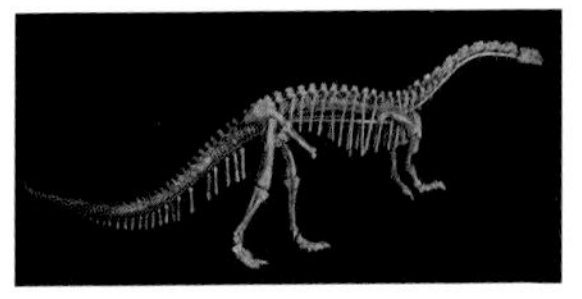

▶ 禄丰龙

分类地位：蜥臀目，原蜥脚类
化石产地：云南、四川、西藏东部
地质年代：早侏罗世
生活环境：盆地
典型大小：体长5～7 m

一种体型中等的植食性原蜥脚类，头骨轻巧，颈部相对较长。头骨适度加长，鼻孔三角形，眼前孔短而高，眼孔大，上颞孔背位。牙齿微微扁平，单一式样，前后缘皆具边缘锯齿。10枚颈椎，14枚背椎，3枚荐椎，约45枚尾椎。颈椎和背椎粗壮。尾巴较长。肩带上的胸骨完全骨化；肩胛骨长，胫骨比股骨短。第3跖骨相当长。前后肢都有特别发达的第1指/趾。

马门溪龙 *Mamenchisaurus*

分类地位：蜥臀目，蜥脚类
化石产地：四川、云南、甘肃、新疆
地质年代：晚侏罗世
生活环境：盆地
典型大小：体长约22 m

大型植食性蜥脚类，头骨小，高长适中，头侧开孔大，上枕骨嵴发达。下颌瘦长，具外下颌孔，其腹缘向背方拱曲。齿列长，齿数多。牙齿呈典型勺状。原始者牙齿前后缘均有锯齿，进步者后缘锯齿消失。颈椎18～19枚，背椎12枚，荐椎4～5枚，尾椎超过50枚。荐前椎后凹型，椎体内具蜂窝状构造。前部背椎和后部颈椎神经棘分叉。颈部长，颈椎体延长，颈肋长至特长。前部尾椎前凹型，中后部尾椎双平型。中后部尾椎脉弧分叉。肩胛骨长于股骨。胸骨较小，亚圆形。前后肢长度比例为3/4～4/5。前后脚均较小。

▶ 马门溪龙

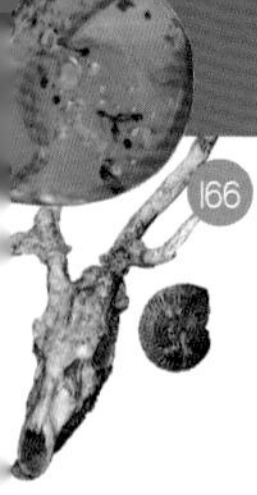

中华龙鸟 *Sinosauropteryx*

▶ 中华龙鸟

分类地位：蜥臀目，兽脚类
化石产地：辽宁
地质年代：早白垩世
生活环境：林地
典型大小：体长0.9～2 m

一种肉食性的美颌龙类，在已知的兽脚类中尾巴最长之一（64枚尾椎）。头骨比股骨长15%，前肢是腿长的30%，与之相反的是，美颌龙的头骨与股骨长度相同，前肢是腿长的40%。在美颌龙类中，美颌龙的前肢与股骨比例是（90%～99%），明显短于中华龙鸟的前肢与股骨比例(61～65%)。在所知的兽脚类中，中华龙鸟的第Ⅱ指长度超过桡骨长。脉弧形态简单，呈勺形，不同于美颌龙的锥形远端。

小盗龙 *Microraptor*

分类地位：蜥臀目，兽脚类
化石产地：辽宁
地质年代：早白垩世
生活环境：林地
典型大小：体长0.6 m

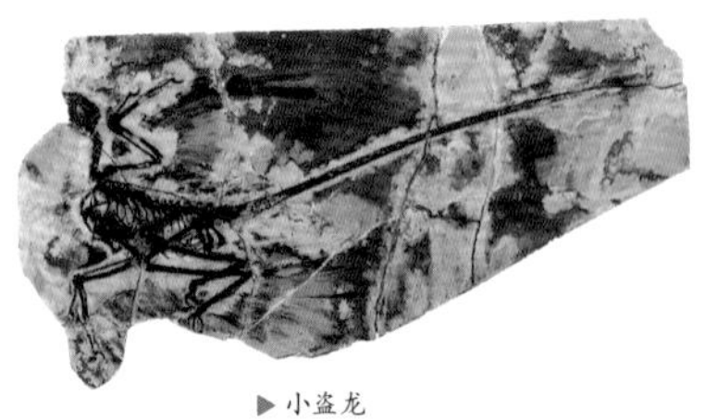
▶ 小盗龙

小盗龙区别于其他驰龙类的特征包括：牙齿缺少前缘小锯齿，后部牙齿在牙冠和牙根之间的基部收缩。中部尾椎长度为背椎的3～4倍，股骨的副嵴位于小转子的基部，尾椎少于26枚。脚爪细长且强烈内弯，屈肌结节发育。

尾羽龙 *Caudipteryx*

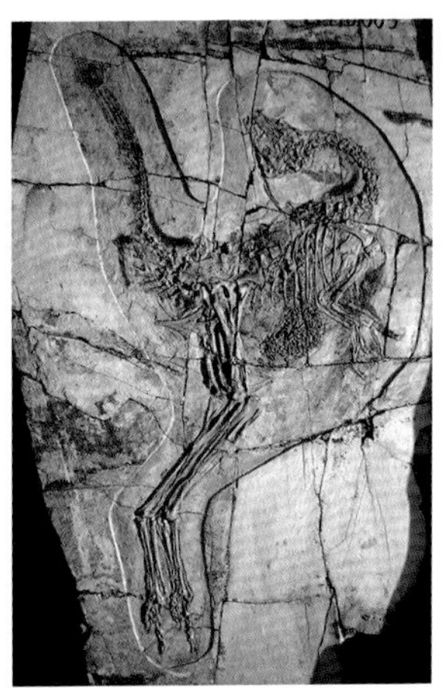
▶ 尾羽龙

分类地位：蜥臀目，兽脚类
化石产地：辽宁
地质年代：早白垩世
生活环境：林地
典型大小：体长1.2 m

一种杂食性的窃蛋龙类，头短而高，前颌骨齿狭长且呈钩状，但齿根很宽，上颌骨齿及齿骨齿退化缺失。胸骨小。股骨与胸骨比为6。第Ⅰ掌骨与第Ⅱ掌骨比为0.45。坐骨短。髂骨长。尾巴短末端上长着一簇羽毛，羽毛呈扇形，羽毛上的羽片对称，前肢也有羽片，对称的羽毛附着。

山东龙 *Shantungosaurus*

▶ 山东龙

分类地位：鸟臀目，鸟脚类
化石产地：山东
地质年代：晚白垩世
生活环境：平原
典型大小：体长15 m

一种大型植食性平头鸭嘴龙类。头骨长、低而窄，外鼻孔大，长椭圆形，下颞孔前后向非常窄，额骨背面明显凹陷，方骨直。下颌长，下颌齿列位于齿骨中后部，有60～63个齿槽。荐部由10枚荐椎愈合而成，其中7～10枚荐椎体腹面有腹沟。肱骨三角肌嵴特别突出，髂骨前突基部拱曲明显，股骨第4转子非常发育。

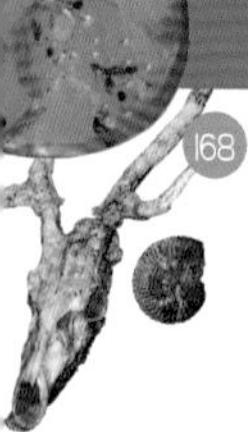

鹦鹉嘴龙 *Psittacosaurus*

分类地位：鸟臀目，角龙类

化石产地：蒙古，俄罗斯西伯利亚，泰国，中国内蒙古、山东、新疆、甘肃、辽宁、河北

地质年代：早白垩世

生活环境：平原或林地

典型大小：体长1.3～2 m

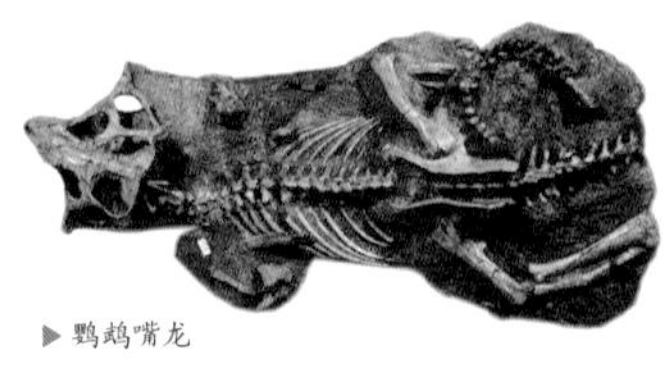

▶ 鹦鹉嘴龙

小型植食性角龙类，颅骨短且宽，上颌每侧有8颗牙齿，下颌每侧有9颗牙齿。所有牙齿排列紧密且大小相同；有9枚颈椎，13枚背椎和6枚荐椎。

黎明角龙 *Auroraceratops*

分类地位：鸟臀龙目，角龙类，古角龙科

化石产地：甘肃

地质年代：早白垩世

生活环境：盆地

典型大小：体长2 m

▶ 黎明角龙

一种植食性的小型角龙类，眶前区短。轭骨、齿骨和上偶骨表面粗糙皱褶。鼻骨宽大，泪骨向背前方肿大呈蘑菇状，上轭骨存在，方轭骨发育，侧视清晰可见，其背面构成下颞孔的腹缘，翼骨突呈水平向伸展，腹视遮蔽基蝶骨和基翼骨的关节处。前齿骨水平向发育形成一尖锐的吻端并终结于外鼻孔下方位，沿上隅骨后部背缘有一侧突发育，下颌外孔存在。前颌齿3 或4 枚，圆柱状略肿大，表面有纵嵴发育，上颌齿12 枚。

原角龙 *Protoceratops*

分类地位：鸟臀目，角龙类
化石产地：蒙古，中国内蒙古
地质年代：晚白垩世
生活环境：平原或荒漠
典型大小：体长2.5 m

一种植食性的角龙类，前齿骨前端不低于下颌冠状突顶端，具1对鼻骨角突。与 *Bagaceratops* 相比，顶饰指向背后方而不是后方，顶骨窗更发育，鳞骨—轭骨在下颞孔背前方相连，较高的下颌，没有附加的眶前孔。

▶ 原角龙

热河翼龙 *Jeholopterus*

分类地位：翼龙类
化石产地：内蒙古
地质年代：中侏罗世
生活环境：湖畔、林地
典型大小：翼展90 cm

尺骨与翼掌骨的长度比例小于4；第1翼指骨与尺骨的长度几乎相等（1.04），而在其他的类群中，第一翼指骨比尺骨要长得多，在里阿斯曲颌形翼龙中，这一比率为1.46~1.59。

▶ 热河翼龙

中国翼龙 *Sinopterus*

分类地位：翼龙类
化石产地：辽宁
地质年代：早白垩世
生活环境：湖畔、林地
典型大小：翼展约1.2 m

头骨相对细长，前上颌骨和齿骨弧形脊突低而小，前上颌骨脊不发育。鼻眶前孔大而长（长约为高的2.5倍），超过头骨长度的1/3。第Ⅰ跖骨最长，第Ⅱ—Ⅳ跖骨长度依次缩短，第Ⅲ跖骨长度约为翼掌骨的22.1%，第Ⅴ跖骨长度不及第Ⅰ跖骨的1/5。第Ⅱ翼指骨与第Ⅰ翼指骨长度之比约为0.73；翼掌骨长度与第Ⅲ跖骨的长度之比率为4.5；第Ⅲ跖骨与胫骨的长度之比率约为0.21，以及第Ⅰ翼指骨及第Ⅱ翼指骨主干较直，等等。

▶ 中国翼龙

鸟纲

孔子鸟 *Confuciusornis*

分类地位：鸟纲
化石产地：辽宁
地质年代：早白垩世
生活环境：林地
典型大小：20～30 cm

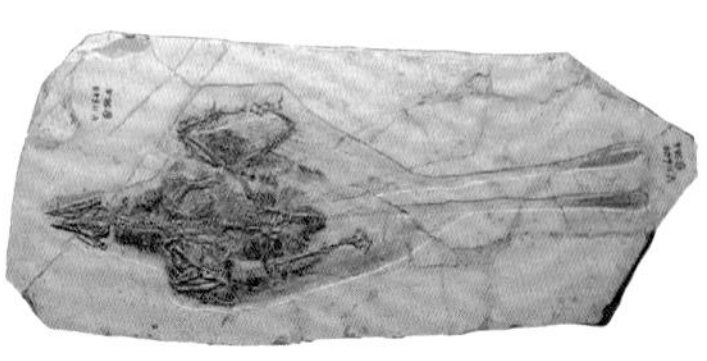

▶孔子鸟

头骨各骨块很少愈合，尚具有其爬行类祖先遗留下来的眶后骨，牙齿退化，出现了最早的角质喙。前肢仍有3个发育的指爪，胸骨无龙骨突，肱骨有一大气囊孔等。

热河鸟 *Jeholornis*

分类地位：鸟纲
化石产地：辽宁
地质年代：早白垩世
生活环境：林地
典型大小：约70 cm

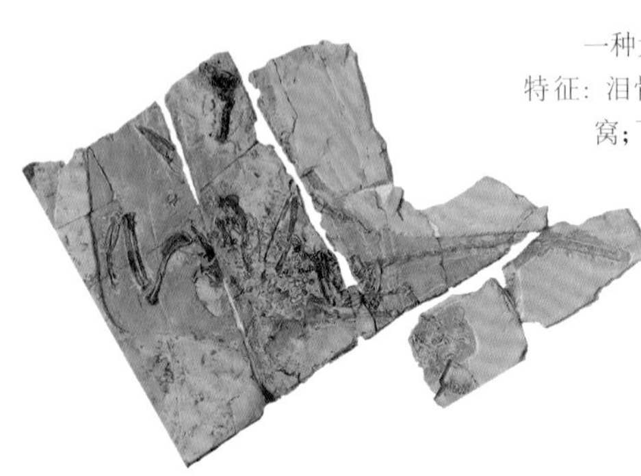

▶热河鸟

一种大型古鸟类，有着以下衍生特征：泪骨有两个垂直且延长的气窝；下颌骨粗壮且骨化愈合；第Ⅲ指的第Ⅰ指节是第Ⅱ指节的两倍长，它们形成一弓形结构。荐尾椎过渡点之后有20枚尾椎。胸骨侧突远端有一圆形孔。前后肢的比例约为1.2。

燕鸟 *Yanornis*

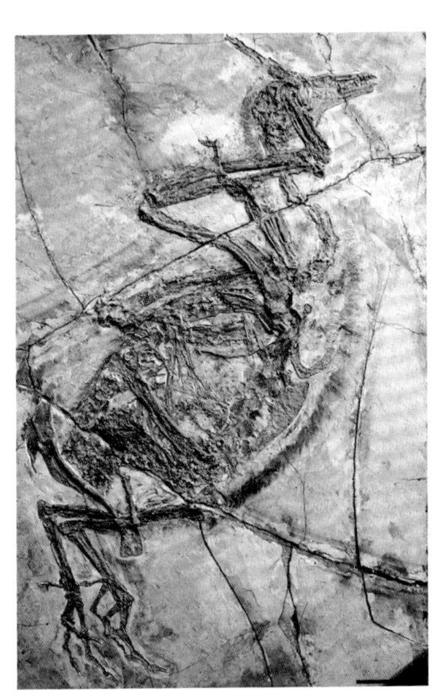
▶燕鸟

分类地位：鸟纲
化石产地：辽宁
地质年代：早白垩世
生活环境：林地
典型大小：约26 cm

齿骨直，约占头骨全长的2/3，含约20枚牙齿。颈椎细长，异凹型。愈合荐椎包括9枚脊椎。尾综骨短，长度不及跗跖骨的1/3。胸骨后缘具Ⅰ对椭圆形窗孔，侧突远端半圆形。前肢约为后肢长的1.1倍。手部较尺、桡骨短。跗跖骨完全愈合。第Ⅲ趾和跗跖骨长的比率约为1.1。第Ⅰ趾节较其他趾节长和粗壮。

华夏鸟 *Cathayornis*

▶华夏鸟

分类地位：鸟纲
化石产地：辽宁、内蒙古
地质年代：早白垩世
生活环境：林地
典型大小：约10 cm

个体小，头部骨骼很少愈合，脑颅较大，吻较长而低，具牙齿。胸骨龙骨突低，但与乌喙骨关联的面宽阔，肱骨近端已有小的气窝。掌骨近端愈合，并有腕骨滑车，指爪仅有两个且不发育，趾爪也不太勾曲。

临夏鸵鸟 *Struthio linxiaensis*

分类地位：鸵鸟目、鸵鸟科
化石产地：甘肃　东乡
地质年代：晚中新世
生活环境：广阔的湿地和草原
典型大小：腰带全长50 cm

▶ 临夏鸵鸟腰带

临夏鸵鸟是鸵鸟类的早期代表，可归入鸵鸟属。临夏鸵鸟是一种巨型鸟类，比现在的非洲鸵鸟还大，鸵鸟是现存鸟类中体型最大的鸟类。它的前肢十分退化，胸骨不具龙骨突，没有飞行能力，两趾行走。临夏鸵鸟的材料代表了早期鸵鸟保存最好的骨骼标本之一，在以下方面区别于非洲鸵鸟：髂骨前翼凹相对大而深，髂骨的髋臼后翼相对较高，髂骨的最高点位远在髋臼的前方，髋臼下缘耻坐骨愈合的附近有一较深的横向沟。临夏鸵鸟的发现表明晚中新世鸵鸟已经广泛分布于非洲和欧亚大陆。

哺乳纲

甘肃豪猪 *Hystrix gansuensis*

分类地位：啮齿目、豪猪科
化石产地：甘肃　和政
地质年代：晚中新世
生活环境：炎热半干旱的稀树草原环境
典型大小：头骨长7 cm

甘肃豪猪是临夏盆地的一种独有动物。该科的成员是旧大陆个体最大的啮齿动物之一。它们最独特的形状是其背部和尾部长有尖锐的刺

(或棘)。个体大，鼻孔增大，后缘向后圆凸，达到第3臼齿后上方；门齿与第4前臼齿间齿缺长；两齿列彼此近于平行，腭面较宽；后鼻孔前缘弧形，位于第2臼齿和第3臼齿交界处舌侧；颊齿为中等高冠齿，单面高冠，具3个齿根；第4前臼齿前边脊短，前尖大而向颊方突出；第3臼齿较少退化。

▶甘肃豪猪头骨底面

霍氏原臭鼬 *Promephitis hootoni*

分类地位：食肉目、鼬科
化石产地：甘肃 和政
地质年代：晚中新世
生活环境：生活于欧亚大陆中纬度地区的开阔草原环境
典型大小：头骨长5.5 cm

原臭鼬是一种体型大小接近现代臭鼬的远古鼬类，只是在形态上更加原始。近年来在和政地区发现了大量完整的头骨以及骨架化石。臭鼬白天在地洞中休息，黄昏和夜晚出来活动，可以放出奇臭的气味，很容易辨别，这种气味常在遇到威胁时释放出来。

▶霍氏原臭鼬

密齿獾 *Melodon*

分类地位：食肉目、鼬科
化石产地：甘肃 和政
地质年代：晚中新世
生活环境：炎热半干旱的稀树草原环境
典型大小：头骨长10 cm

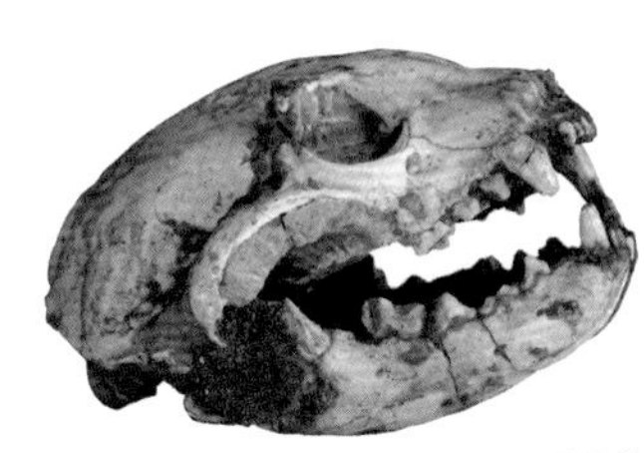

▶密齿獾

密齿獾属于原始的獾类。体小，头骨比真獾扁平，乳突不大突出。上下前臼齿均有4颗，牙齿构造近獾。鼬类的脸部短，脑颅长而扩大，这是它们的典型特征。鼬类在所有的食肉动物中表现出了最大范围的适应辐射。和政地区的三趾马动物群中丰富的鼬类动物包括副美洲獾、近狼獾、原臭鼬、密齿獾和中华貂等。

鼬鬣狗 *Ictitherium*

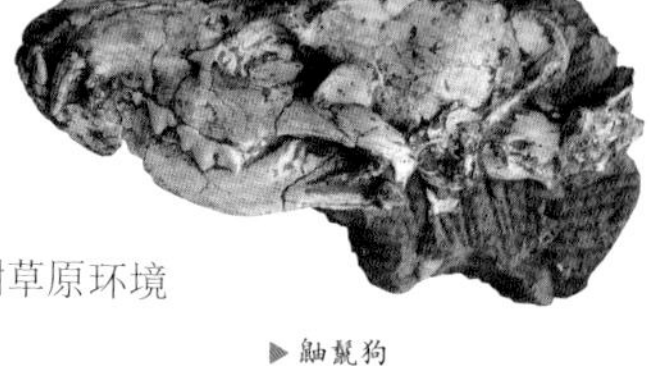

▶ 鼬鬣狗

分类地位：食肉目、鬣狗科
化石产地：甘肃 和政
地质年代：晚中新世
生活环境：炎热半干旱的稀树草原环境
典型大小：头骨长20 cm

鼬鬣狗是早期原始的鬣狗。它比后期的鬣狗小而轻巧，是晚中新世和早上新世常见的一种小型鬣狗。鬣狗虽然看起来有些像狗或狼，但它们不是真正的狗，与狗的亲缘关系比较远，倒是与猫的关系更近。鬣狗的四肢因经常奔跑而变长，牙齿和颌骨因咀嚼骨头而增大。牙齿的增大尤其表现在最后两枚前臼齿，也就是第3枚和第4枚锥形的前臼齿上，这是鬣狗咬碎大骨头的重要工具，因为它们在习惯的食腐肉的过程必须对付那些难啃的骨头。

巨鬣狗 *Dinocrocuta gigantean*

分类地位：食肉目、中鬣狗科
化石产地：甘肃 和政
地质年代：晚中新世
生活环境：炎热半干旱的稀树草原环境
典型大小：身长2.8 m

鬣狗科成员体形相似，前腿比后腿长，头部和体形都有几分像狗，但是它们实际上属于猫型亚目，和灵猫的关系很近。巨鬣狗这个名字严格按拉丁文翻译，应该叫巨霸鬣狗，它们的牙齿和肌肉异常发达。根据

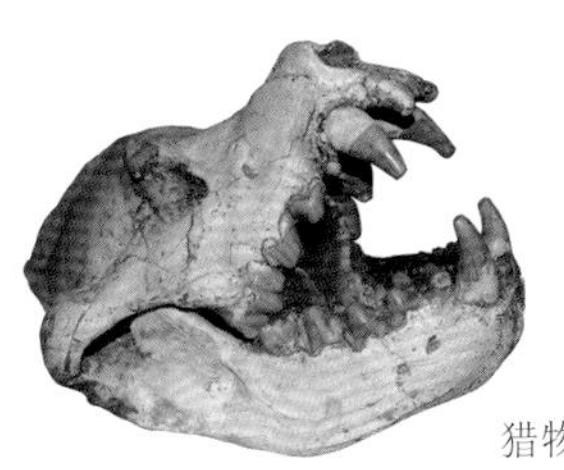

▶ 巨鬣狗

中国学者的推算，甘肃和政地区的巨鬣狗体重可达210~240kg，是现代非洲斑鬣狗体重的3倍多，与现代的非洲雄狮相当，这样大的食肉类动物在任何时代都不常见，在鬣狗类群中则绝无仅有。个体越大就越容易抢占别家的猎物，因此依仗其体重来抢掠其他动物的猎物可能是导致巨鬣狗变大的主因。

印度熊 *Indarctos*

▶ 印度熊

分类地位：食肉目、熊科
化石产地：甘肃　和政
地质年代：晚中新世
生活环境：炎热半干旱的稀树草原环境
典型大小：头骨长40 cm

这是一类体型笨重的动物。有巨大的头骨和粗壮的牙齿，它们的裂齿变小，已经失去了切割功能。前臼齿退缩，臼齿加大，上面有钝的齿尖。冠面纹饰复杂化，基枕部短宽，耳泡扁平，外耳道长。和政地区的印度熊标本相当丰富，而且保存得非常完好。熊类的尾巴退化到仅有残迹，腿脚变得短而笨重，因此它们追捕猎物的能力明显减退。

真猫 *Felis*

▶ 真猫

分类地位：食肉目、猫科
化石产地：甘肃　和政
地质年代：晚中新世
生活环境：炎热半干旱的稀树草原环境
典型大小：身长0.6m

真猫属于小型的猫类。头骨短而高，鼓室强烈膨胀，乳突和副枕突弱。门齿小，犬齿呈圆锥形弯曲，前臼齿和臼齿简单，不粗壮。爪能伸缩。现在的虎就是从真猫类中的猫族演化而来的。

▶锯齿虎上颌骨

锯齿虎 *Homotherium*

分类地位：食肉目、猫科

化石产地：甘肃 和政

地质年代：早更新世

生活环境：大部分生活在较为干旱寒冷的高原环境

典型大小：身长1.8 m

锯齿虎的分布非常广泛，种类很多，可能是由不同种类的剑齿虎进化而来，其形体普遍小于剑齿虎。锯齿虎是中至大型的猫科动物，它的门齿、犬齿、上第4前臼齿及下第4前臼齿和第1臼齿的齿缘未磨蚀时有锯齿。在身体结构上，前腿长、后腿短，四肢骨比较细长，足部扁平，头骨较短且具有宽阔的鼻腔。在食谱上继承了剑齿虎家族习惯，能撕裂犀、象等厚达数厘米的皮肤。

山西猞猁 *Lynx shansius*

分类地位：食肉目、猫科

化石产地：甘肃 和政

地质年代：早更新世

生活环境：生活在较为干旱寒冷的高原环境

典型大小：头骨长16 cm

▶山西猞猁

山西猞猁体形似猫，但远大于猫。身体较大，形态基本上与现生种相似，吻部宽短。脑颅部相对较长，额、顶嵴常为“竖琴”状，矢状嵴短。额骨眶后突不特别伸长。副枕突锥形，较宽厚。下颌关节突离冠状突较远。角突扁高。颊齿齿尖较侧扁而锐利。

后猫 *Metailurus*

分类地位：食肉目、猫科
化石产地：甘肃 和政
地质年代：晚中新世
生活环境：炎热半干旱的稀树草原环境
典型大小：头骨长21 cm

后猫是一类中型的食肉类动物，是剑齿虎家族的一员。吻部宽短，鼻骨后端比前端宽大。上犬齿长而侧扁，前后缘呈刃形，第3门齿和第3前臼齿之间的齿缺较短，第4前臼齿强大。下犬齿粗大，第1臼齿发达。具有最完善的捕杀和食肉能力，趾端具有尖锐的能屈能伸的爪子，颈部粗壮，可以抵抗由于头和牙齿顶的猛烈动作而引起的巨大震动。

▶后猫

剑齿虎 *Machairodus*

▶剑齿虎

分类地位：食肉目、猫科
化石产地：甘肃 和政
地质年代：晚中新世
生活环境：生活环境多样，森林、灌木、草原
典型大小：身长2.5 m

狭义科学上的剑齿虎是指剑齿虎亚科中的短剑剑齿虎，是大型猫科动物进化中的一个旁支。在凶猛的猫科动物中，剑齿虎是中型或大型的非常特化的类型。剑齿虎的大小与现代的狮子或豹子差不多，具有可收缩的锋利爪子，其牙齿数目减少，上下裂齿的刃叶长而且非常锋利。剑齿虎最大的特点是其长而侧扁弯曲的上犬齿，形同匕首一般，前后还具有锋利的刃嵴，这就是其名称“剑齿”的来源。相反，剑齿虎的下犬齿却退化缩小了。下颌骨的最大特点是具有非常明显的颏突，几乎成一个直角形。成年剑齿虎体重约300 kg，以大型哺乳动物为食。

泥河湾巨颏虎 *Megantereon nihowanensis*

分类地位：食肉目、猫科
化石产地：甘肃　和政
地质年代：早更新世
生活环境：生活在较为干旱寒冷的高原环境
典型大小：身长1.2 m

▶ 泥河湾巨颏虎

泥河湾巨颏虎属于猫科中的剑齿虎亚科。巨颏虎身材低矮粗壮，脖子较长，前肢发达，能用蛮力制服形体较大的猎物。和政地区发现的泥河湾巨颏虎是中等大小，具微弯匕首状上犬齿的猫类动物，其牙齿均无锯齿，四肢骨比较粗短，但比美洲剑齿虎要细长。

临夏西瓦猎豹 *Sivapanthera linxiaensis*

分类地位：食肉目、猫科
化石产地：甘肃　和政
地质年代：早更新世
生活环境：生活在较为干旱寒冷的高原环境
典型大小：头骨长24 cm

▶ 临夏西瓦猎豹

临夏西瓦猎豹属于大型西瓦猎豹。四肢骨修长，体型大于现生猎豹。脑颅部特别长，头骨眶后突以后部分长于眶后突以前的部分。额骨以后的部分较平，矢状嵴发育，眶后突很大，在个别情况下可将眼眶封闭，眶下孔上缘与眼眶下缘平齐或稍低，脑颅显著窄于眶后突部分的宽度。内鼻孔较窄，大约与基枕面等宽，但宽小于长。左、右下颌支联合坚固，水平支平直，不向外隆凸，联合部窄，其后缘为尖角状。下门齿仅非常轻微地突出于犬齿之前。

猛犸象 *Ma mmuthus*

分类地位：长鼻目、真象科
化石产地：黑龙江 哈尔滨
地质年代：晚更新世
生活环境：生活在高寒地带的草原和丘陵上。
典型大小：体长5 m

▶猛犸象下颌骨

猛犸象俗称长毛象，学名真猛犸象。它身高体壮，有粗壮的腿，脚生四趾，头特别大，无下门齿，上门齿很长，向上、向外卷曲。臼齿由许多齿板组成，齿板排列紧密，板与板之间是发达的白垩质层。一头成熟的猛犸象，身长达5 m，体高约3 m，门齿长1.5 m左右，身体肥硕，体重可达6~8 t。它身上披着黑色的细密长毛，皮很厚，具有极厚的脂肪层，厚度可达9 cm，是一种适应于寒冷气候的动物，在更新世它广泛分布于包括中国东北部在内的北半球寒带地区。

东方剑齿象 *stegodon orientalis*

分类地位：长鼻目、真象科
化石产地：四川 德阳
地质年代：更新世
生活环境：生活在热带及亚热带沼泽和河边的温暖地带
典型大小：身长6 m

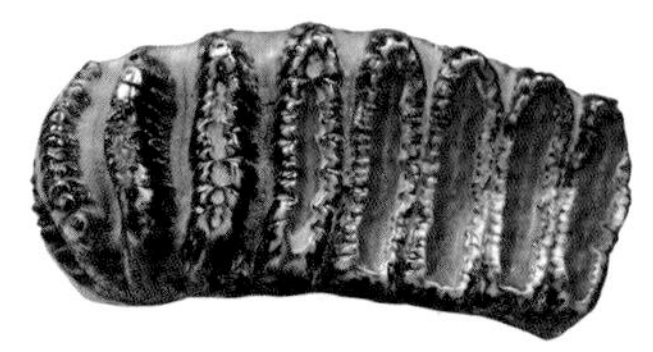
▶东方剑齿象的臼齿

东方剑齿象是剑齿象亚科的一种。剑齿象的头骨比真象略长，腿也长，上门齿又长又直，只在末端略向上弯曲。下颌短，没有象牙。颊齿齿冠较低，断面呈屋脊形的齿脊数目逐渐增加。东方剑齿象臼齿很长、较窄，第3臼齿齿脊数10，第2臼齿齿脊数8，第1臼齿齿脊数7。脊与脊间充填了白垩质。

▶ 铲齿象的颊齿

铲齿象 *Platybelodon*

分类地位：长鼻目、嵌齿象科
化石产地：甘肃　和政
地质年代：中中新世
生活环境：成小群地生活在森林和森林草原的过渡地带的水边
典型大小：身长5.5 m

下颌极度拉长，上门齿不发达，其前端并排长着一对扁平的下门齿，形状恰似一个大铲子，故得名铲齿象。它用铲齿切断并铲起浅水中的植物，再靠长鼻子帮助把食物推入嘴中。它主要以灌木、树叶和水生植物为食。

四棱齿象 *Tetralophodon*

分类地位：长鼻目、嵌齿象科
化石产地：甘肃　和政
地质年代：晚中新世
生活环境：炎热半干旱的稀树草原环境
典型大小：臼齿长5 cm

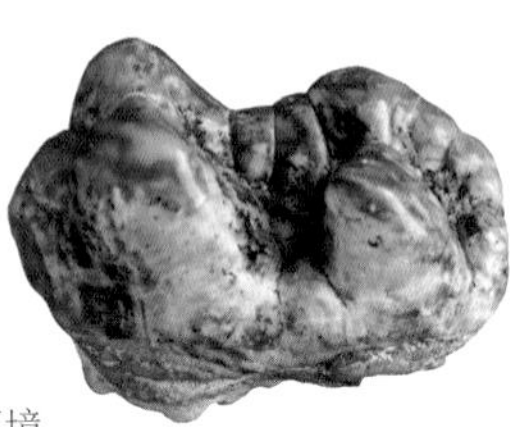
▶ 四棱齿象的颊齿

四棱齿象的下颌具有由门齿形成的铲板，比铲齿象的铲板更窄。长喙，丘形至脊形齿，狭冠。中间颊齿有4个横脊，齿柱不交互排列。

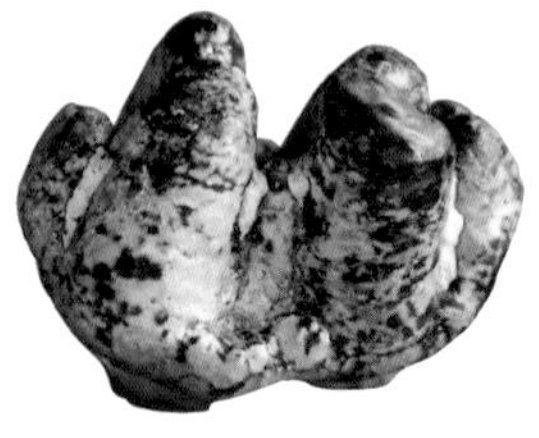
▶ 轭齿象的颊齿

轭齿象 *Zyolophodon*

分类地位：长鼻目、短颌象科
化石产地：甘肃　和政
地质年代：中中新世
生活环境：生活在以森林植物为主，气候温和潮湿的环境
典型大小：臼齿长5 cm

轭齿象短喙，属大型的轭齿长鼻类。中间臼齿有3个横脊，第3臼齿有4个横脊和1个跟座。前臼齿不替换。

三趾马 *Hipparion*

▶ 三趾马头骨

分类地位：奇蹄目、马科
化石产地：甘肃 和政
地质年代：晚中新世
生活环境：炎热半干旱的稀树草原环境
典型大小：身长1.5 m

体型比现代马小，身材比较纤细，四肢更为细长，前后肢均为三趾，中趾粗而着地，侧趾较小而不着地。门齿有凹坑。颊齿高冠，棱柱形，前臼齿已臼齿化。上颊齿珐琅质褶皱强烈，白垩质丰富，原尖孤立，圆柱形。下臼齿有两个突起，形成一个纵长的双柱形。

兰州巨獠犀 *Aprotodon lanzhouensis*

分类地位：奇蹄目、犀科
化石产地：甘肃 和政
地质年代：晚渐新世
生活环境：温暖湿润的森林环境
典型大小：下门齿长25 cm

巨獠犀是第三纪中期亚洲特有的一类形态很特殊的犀牛，其化石特点为下颌联合部十分宽大。该属特征为头骨无角犀性，较细长，鼻骨薄长而平直。相对于咸海巨獠犀的个体大，颊齿大，但下门齿小。兰州巨獠犀则是个体较小，颊齿小，而下门齿反而更大。

▶ 兰州巨獠犀下门齿

披毛犀 *Coelodonta antiquitatis*

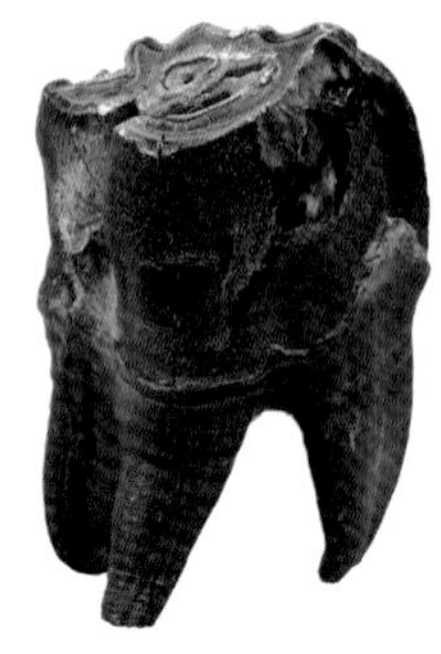
▶披毛犀的臼齿

分类地位：奇蹄目、犀科
化石产地：黑龙江 哈尔滨
地质年代：晚更新世
生活环境：生活在高寒地带的草原和丘陵上
典型大小：身长4 m

披毛犀，又名长毛犀牛。身高超过2 m，生存于晚更新世，并在冰河时期存活了下来。披毛犀有一只扁平的角，可以推开雪来吃草。它也有一层厚厚的毛皮及脂肪，用于在寒冷的环境保持温暖。它头骨长而且大，头部和颈部向下低垂，额上和鼻上各长有一只犀角，鼻角尤其长大，向前倾斜伸出。它的臼齿齿冠很高；釉质层厚，有许多褶皱；齿凹内充填了致密的白垩，适合于咀嚼质地干燥地的草本植物。

维氏大唇犀 *Chilotherium wimani*

▶维氏大唇犀

分类地位：奇蹄目、犀科
化石产地：甘肃 和政
地质年代：晚中新世
生活环境：生活在草原和灌木丛林中的泥塘边
典型大小：体长3.2 m

大唇犀是犀牛的原始类群。大唇犀体型矮壮，四肢短。前后脚均为三趾。头骨短，鼻骨长而弱，无角。下颌结合部粗壮并扩大成铲状。门齿大，间距宽，向外上方伸出。前臼齿比后臼齿小并向前急速递减。臼齿具粗大的前刺和反前刺，是大唇犀牙齿的最明显标准。大唇犀在中新世的亚欧大陆一度非常繁盛，甚至成为当时数量最多的草原植食动物，但在晚中新世大唇犀突然衰落直至灭绝，其灭亡也代表着无角犀类的最终灭绝。

林氏山西犀 *Shansirhinus ringstromi*

▶林氏山西犀头骨底面

分类地位：奇蹄目、犀科

化石产地：甘肃 和政

地质年代：晚中新世

生活环境：生活在草原和灌木丛林中的泥塘边

典型大小：体长3.5 m

林氏山西犀属于无角犀亚科，但它却在鼻子末端长着一只小角。山西犀是从无鼻角犀向大唇犀演化的一个中间环节。山西犀有一个扩展的下颌联合部和獠牙状的下门齿，但扩展的程度和獠牙的尺寸都明显小于大唇犀。山西犀的高齿冠和细密的釉质褶皱还显示它是一种以硬草为食的犀牛。

库班猪 *Kubanochoerus*

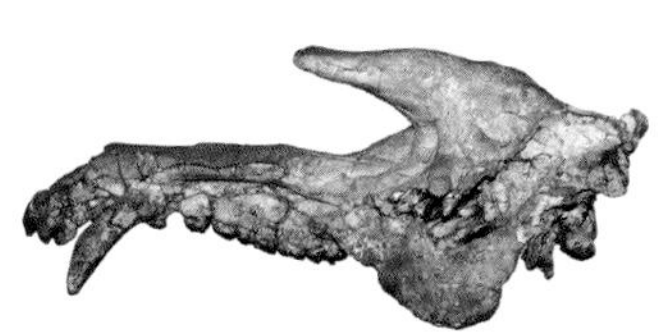
▶库班猪头骨

分类地位：偶蹄目、猪科

化石产地：甘肃 和政

地质年代：中中新世

生活环境：生活在森林植物为主，雨水充沛、气候温和的湿润环境

典型大小：身长2.8 m

▶库班猪下颌骨

库班猪体型像野牛一样巨大，体重达500～800 kg，四肢粗壮且较长。头骨化石仅一下颌就近1 m长，宽30 cm，上颌则有1对向外伸出的巨型獠牙。它们的眼眶上有疣猪一样的颊突，可能用于在争斗中保护眼睛。额头上还长着一只相当大的角，跟传说中独角兽的角相似，这在通常不长角的猪类家族中显得非常特别。

柯氏柄杯鹿 *Lagomeryx colberti*

▶柯氏柄杯鹿头骨

▶柯氏柄杯鹿肢骨

分类地位：偶蹄目、鹿科
化石产地：山东 山旺
地质年代：中新世
生活环境：亚热带混交中生林
典型大小：体长1.2 m

柄杯鹿是已灭绝的鹿类。雄性有角，末端分岔，但这种角是不脱落的，而且可能是终生由皮肤覆盖的，雄性有大的上犬齿。雌性既无角，也无大的犬齿。雌雄前后肢都保留有较发育的侧趾，这些都表明这是一类构造原始的鹿类。

祖鹿 *Cervavitus*

分类地位：偶蹄目、鹿科
化石产地：甘肃 和政
地质年代：晚中新世
生活环境：炎热半干旱的稀树草原环境
典型大小：鹿角长38 cm

眶前窝大部分长在泪骨上，深。筛裂前后径比眼窝短。眼眶上有额脊但不高。角柄中等长度，强烈后倾。角节明显突出。角具3个分支，有时还有再一次分支。角表面有纵向的沟等饰纹。雄性上犬齿较大，侧扁。颊齿低冠，具短的尖角的底柱，齿带弱，有古鹿褶。

▶祖鹿鹿角

龙担日本鹿 *Nipponicervus longdanensis*

分类地位：偶蹄目、鹿科
化石产地：甘肃　和政
地质年代：早更新世
生活环境：生活在较为干旱寒冷的高原环境
典型大小：鹿角可达80 cm

▶龙担日本鹿

龙担日本鹿是一种三枝角的大型日本鹿。角很细长，断面圆或稍扁，角面纹饰以沟为主。眉枝很长，伸向内上方，位置中等高，与主枝间夹角接近直角。主枝较直，伸向后上方，既不强烈向外伸展，其上端也不强烈向内弯曲。第2分叉位置很高，第2和第3枝大约等长。

萨摩兽 *Samotherium*

分类地位：偶蹄目、长颈鹿科
化石产地：甘肃　和政
地质年代：晚中新世
生活环境：炎热半干旱的稀树草原环境
典型大小：身高4.5 m

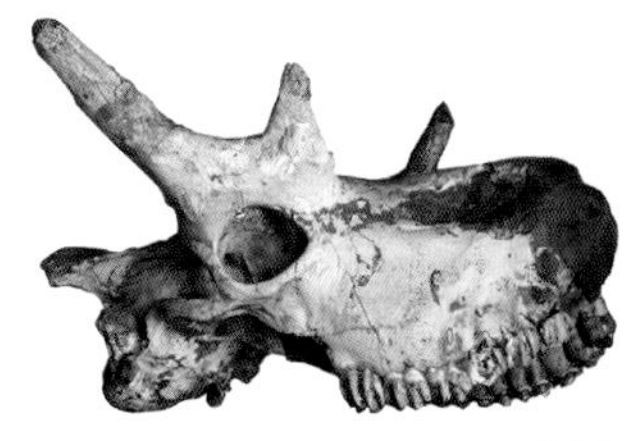

▶萨摩兽

萨摩兽是一类古老的长颈鹿。它们的脸很长，眼睛位置很高，口鼻部也很长，后腿长于前腿。眼眶上方有一对角，外面覆盖着一层皮肤，雄性的角比较发达。臼齿齿冠很高，上面的珐琅质具有很粗的褶皱，耐磨且咀嚼能力强。和政地区的萨摩兽有保存十分完整的头骨，其角的形态变化大，通常有一对很大的角，而其前方还常有另一对小角，体型也比一般萨摩兽大，不亚于现在长颈鹿。

东北野牛 *Bison exiguous*

▶ 东北野牛的头骨

分类地位：偶蹄目、牛科
化石产地：黑龙江 哈尔滨
地质年代：晚更新世
生活环境：生活在寒温带的草原和森林
典型大小：体高1.8 m

东北野牛个体大而健硕。从头骨化石的形态来看，额骨宽，向上有不同程度的隆起，眼眶成管状向前突出，角基起于眼眶与枕骨间中线以后的额骨处，两角向头部两侧以适当角度向后向下伸出，向后与头骨纵轴成70°左右，然后又向上升起，至与额骨平行或高于额面。角心横切面基本趋于圆形，角心表面周围有不同程度的棱状突起和纵沟。

羚羊 *Cazella*

分类地位：偶蹄目、牛科
化石产地：甘肃 和政
地质年代：晚中新世
生活环境：炎热半干旱的稀树草原环境
典型大小：头骨长 17 cm

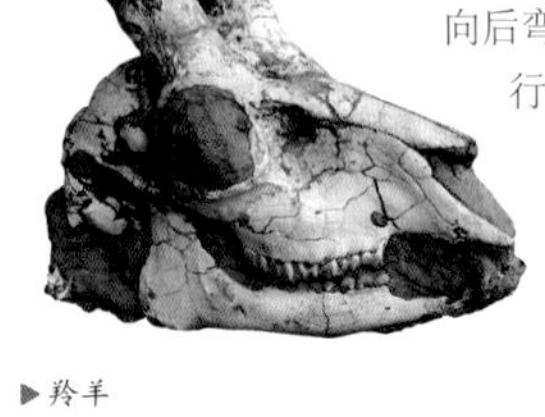
▶ 羚羊

羚羊属于食草类哺乳动物。个体小或中等。头骨脸部缩短，通常变窄，脸部长度不超过颅部长度。眼眶显著地向侧方突出。雌雄性都有角，角心位于眶上，向后弯曲，其横切面椭圆形，无棱，两角近于平行或向两侧分开。泪窝明显而不很深，眶上孔一般较大，位于宽而深的额骨凹陷处。原始类型臼齿低冠，有底柱，上臼齿外壁有中等发育的肋及附尖；进步类型臼齿高冠，肋很不发育。

步氏和政羊 *Hezhengia bohlin*

分类地位：偶蹄目、牛科

化石产地：甘肃 和政

地质年代：晚中新世

生活环境：生活于炎热半干旱的稀树草原环境

典型大小：身长1.6 m

▶ 步氏和政羊

和政羊是近年在甘肃和政地区发现的一种偶蹄目、牛科动物。和政羊虽然在个体大小和体态上与现生的羊很接近，但其头骨的构造、角的形态和颈部的特征却与现今仅生存于北美阿拉斯加的麝牛更接近，是麝牛类早期的祖先类型。和政羊具有短而粗的角心，其横切面呈三角形，左右角心的基部在头骨上非常靠近甚至愈合，这是麝牛亚科的重要特点之一。和政羊的发现表明麝牛这类动物的起源地应该在亚洲。

短角丽牛 *Leptobos brevicornis*

分类地位：偶蹄目、牛科

化石产地：甘肃 广河

地质年代：早更新世

生活环境：生活于较为凉爽的草原环境

典型大小：身长2.8 m

大型、宽额，雄性具一对短而较直或微向内弯主要向后平伸的角。鼻骨宽，为两端尖的六边形，前端侧突很发育。眶后突处头宽稍大于角基处的头宽或两者大约相等。听泡纵向扁长，位置靠后，其前端位于肌结节水平。角短于头基长，断面横长椭圆形，基部下缘仅稍高于枕顶水平，向后和稍偏向外方平伸，由基部向末端相当快地变细，末端稍向内弯曲。

▶ 短角丽牛

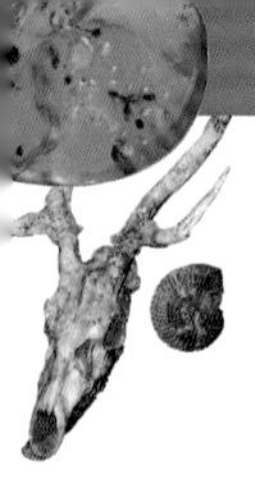

植 物

藻 类

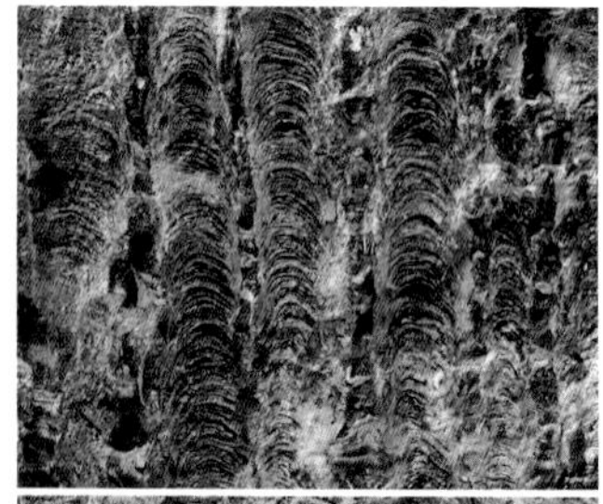

▶ 叠层石

叠层石 *Stromatolite*

分类地位： 蓝藻类

化石产地： 中国各地都有分布

地质年代： 前寒武纪

生活环境： 生长于海滨地区

典型大小： 标本高度1 m

叠层石是前寒武纪未变质的碳酸盐沉积中最常见的一种"准化石"，是原核生物所建造的有机沉积结构。由于蓝藻等低等微生物生命活动所引起的周期性矿物沉淀、沉积物的捕获和胶结作用，从而形成了叠层状的生物沉积构造。因纵剖面呈向上凸起的弧形或锥形叠层状，如扣放的一叠碗，故名。叠层石的基本构造单位叫基本层，一般为弧形或锥形。基本层构成集合体，呈柱状、锥状、棒槌状等形态，有的呈墙状。

环圈抚仙螺旋藻 *Fuxianospira gyrate*

分类地位：宏体藻类、抚仙螺旋藻属

化石产地：云南 海口

地质年代：早寒武世

生活环境：浅海潮坪环境固着生活

典型大小：宽8 mm

藻丝体不分叉，呈扭曲盘旋状，丝体较长，表面隐约可见螺旋状构造。

▶ 环圈抚仙螺旋藻

云南中华细丝藻 *Sinocylindra yunnanensis*

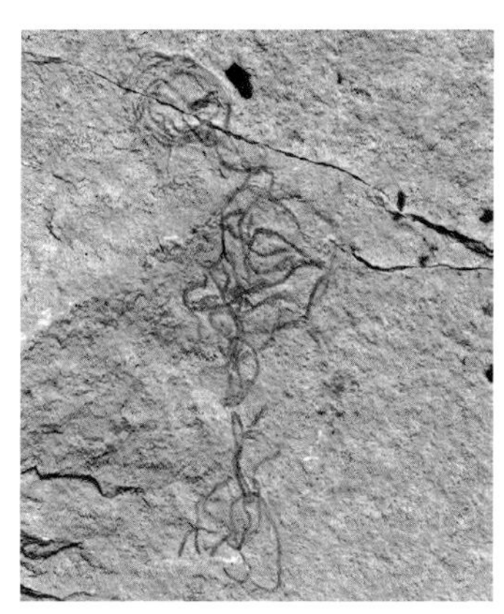

▶ 云南中华细丝藻

分类地位：宏体藻类、中华细丝藻属

化石产地：云南 澄江

地质年代：早寒武世

生活环境：浅海潮坪环境固着生活

典型大小：体长20 cm

中华细丝藻属于蓝藻门。藻丝体细而长，可达200 mm以上，直径0.3 mm左右，表面光滑，多呈盘绕状保存。

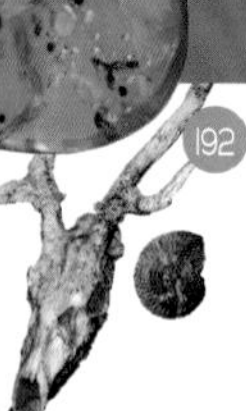

美丽丛枝藻 *Thamnophton farmosus*

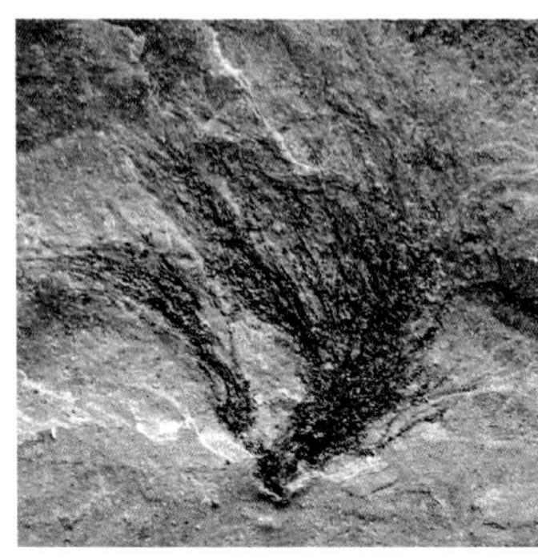

▶ 美丽丛枝藻

分类地位：宏体藻类、丛枝藻属

化石产地：贵州 凯里

地质年代：中寒武世

生活环境：浅海30~60 m深处固着生活

典型大小：体长1.5 cm

藻体为丛生，体二叉状分枝2~7 mm，粗0.1 mm，固着器长4~9 mm，宽0.5~3 mm，枝体顶端常弯曲。细小枝体丛生在固着器顶端，呈伞状散开，丛枝上生长发散角30°~180°，枝体有时弯曲。

苔藓植物

钱苔型似叶状体 *Thallites riccioides*

▶ 钱苔型似叶状体

分类地位：苔纲、似叶状体属

化石产地：辽宁 北票

地质年代：晚侏罗世

生活环境：生长于湖边湿地

典型大小：高度2 cm

叶状体扁平，细小，双歧分叉3~5次，裂片多，呈窄带形或线形。顶端多作二叉状，分叉处及枝端微加宽。中肋明显突出，两侧厚膜质状。表皮细胞形态不清，偶见圆形凹痕。

蕨类植物

带蕨 *Taeniocrada*

▶ 带蕨

分类地位：莱尼蕨类、带蕨属
化石产地：湖南 长沙
地质年代：中泥盆世
生活环境：陆相辫状河沉积
典型大小：标本长10 cm

轴扁平，细带状，不等二歧分叉多次，表面光滑，少数具毛。中央维管束纤细。孢子囊侧生或顶生于变圆的枝上。

拟裸蕨 *Psilophytites*

▶ 拟裸蕨

分类地位：三枝蕨类、拟裸蕨属
化石产地：湖南 长沙
地质年代：中泥盆世
生活环境：陆相辫状河沉积
典型大小：标本长3 cm

裸蕨类植物或其他非常类似裸蕨类植物。其轴面有不分叉的刺状附属物，而且其他特征不足以说明其可靠的地位者，可归于此形态属。

拟鳞木 *Lepidodendropsis*

▶ 拟鳞木

分类地位：原始鳞木目、拟鳞木属
化石产地：湖南 长沙
地质年代：中泥盆世
生活环境：陆相辫状河沉积
典型大小：标本高20 cm

木本，等二歧式分枝。叶座明显，比较狭细，呈狭倒卵形、纺锤形、长圆形或狭长方形，假轮状排列，上下交错。叶座正中有一维管束痕，无明显的叶痕。叶不分叉，细小，锥状，常略呈镰刀状。

斜方薄皮木 *Leptophloeum rhombicum*

分类地位：原始鳞木目、薄皮木属
化石产地：湖北 武汉
地质年代：晚泥盆世
生活环境：热带沼泽地区
典型大小：标本长6 cm

▶ 斜方薄皮木

乔木状，二歧分枝。叶座斜方形或菱形，但常有变异，宽可达2 cm，一般宽度略大于高度，螺旋排列，整齐，彼此距离约1 mm。叶痕很小，纵卵形至椭圆形，位于叶座上部，中央有一维管束痕。

脐根座 *Stigmaria ficoides*

分类地位：鳞木科、根座属
化石产地：山东 博山
地质年代：早二叠世
生活环境：生长于热带沼泽地区
典型大小：标本长20 cm

▶ 脐根座

鳞木类树干的基部，二歧式分枝。根痕圆形，脐状，螺旋排列。根座表面通常平，有时具少许皱纹。

▶ 脐根座局部

剑形瓣轮叶 *Lobatannularia ensifolia*

分类地位：木贼目、辫轮叶属
化石产地：山西 阳泉
地质年代：晚二叠世
生活环境：湿热的沼泽地区
典型大小：叶长5 cm

▶ 剑形瓣轮叶

末二级枝以假二歧式分出末级枝（每一节上生出一对叉状的末级枝，其外侧各生有一个不发育的小枝）。叶轮分为两瓣，每瓣的叶数7~10枚。叶披针形，长可达8 cm，最短者约1 cm，宽约5 mm。顶端渐尖，基部分离或稍连合，具单脉。叶轮的下叶缺明显，靠近下叶缺的叶最短。顶叶轮圆形至宽卵形。

热河似阴地蕨 *Botrychites reheensis*

分类地位：真蕨类、似阴地蕨属
化石产地：辽宁 北票
地质年代：晚侏罗世
生活环境：生长于湖边湿地
典型大小：叶长3 cm

叶具长柄，二型营养叶和孢子叶分生。营养叶从叶柄顶部伸出，楔形，3~4次羽状深裂，可见两个对生或亚对生的二次羽片及一个顶羽片，均长椭圆形。小羽片以及小角度深裂成1~2对线性裂片，每枚末级裂片含脉一条。孢子叶长于叶柄中部，位于营养叶之下。

▶ 热河似阴地蕨

布列亚锥叶蕨 *Coniopteris burejensis*

分类地位：真蕨目、蚌壳蕨科
化石产地：内蒙古 宁城
地质年代：早白垩世
生活环境：生长于靠近水源充足地带和湿地
典型大小：蕨叶长10 cm

二次羽状叶。末次羽片互生，椭圆形至线状披针形，基部沿轴下延，顶端钝尖。小羽片下行先出式，从羽轴的下延部分伸出，卵形，每侧分裂成3~4个小裂片，裂片的深浅由于所着生位置的变化而不同，顶端亚尖，基部楔形，下延，脉序为Sphenopteris型。实羽片及小羽叶片退缩。囊群具短柄，囊群盖呈杯状。

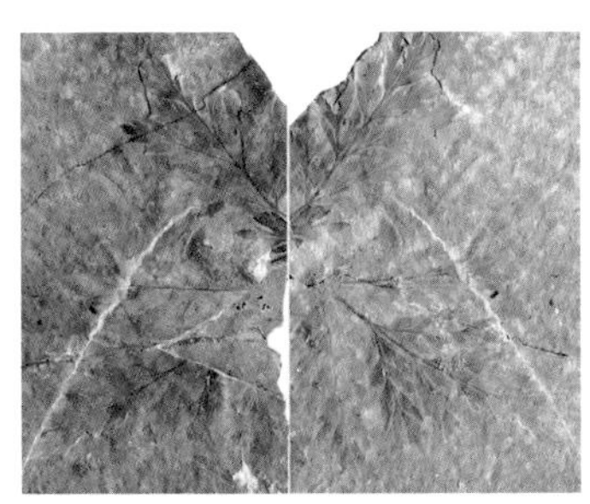

▶布列亚锥叶蕨

枝脉蕨 *Cladophlebis*

分类地位：真蕨类、枝脉蕨属
化石产地：辽宁 北票
地质年代：中侏罗世
生活环境：温暖湿润气候环境的河湖岸边
典型大小：小枝长10 cm

▶枝脉蕨

蕨叶2~4次羽状分裂。小羽片一般较大，或多或少呈镰刀形，全缘或具锯齿，以整个基部着生于羽轴，基部有时微微收缩或作耳状，顶端尖锐或圆凸。叶脉羽状，中脉明显，常延伸至小羽片顶端附近才分叉消散，侧脉常分叉。

奇异夏家街蕨 *Xiajiajienia mirabila*

分类地位：真蕨类、夏家街蕨属
化石产地：内蒙古 宁城
地质年代：早白垩世
生活环境：生长于湖边湿地
典型大小：蕨叶长8 cm

▶ 奇异夏家街蕨

蕨叶较大形，至少一次羽状分裂。叶线形至披针形，小羽片呈镰刀形至长舌形，上侧边缘浅裂，微波状或全缘，顶端钝圆或钝尖，基部在靠近羽轴处突然收缩并下延，下侧边缘全缘并向上弯成浅弓状，基部强烈下延于轴。一条微粗的叶脉靠近小羽片的下侧进入小羽片，从其上侧基部侧脉1次或2次分叉，进入小羽片上侧第一个裂片中，小羽片中上部侧脉多1次分叉或不分叉分别进入小裂片或呈波状的边缘，中脉下侧有少数简单侧脉以很小的角度伸向小羽片的下侧边缘。

束羊齿 *Fascipteris*

分类地位：真蕨类、束羊齿属
化石产地：山西 阳泉
地质年代：晚二叠世
生活环境：温暖潮湿的热带、亚热带地区
典型大小：蕨叶长8 cm

▶ 束羊齿

羽状复叶，小羽片线形，基部常收缩，全缘或波状。中脉粗；侧脉二歧合轴式或近单轴式分叉数次而成脉束；每一脉束与小羽片边缘一个浅裂片位置相当。无邻脉及束间脉。

楔羊齿 *Sphenopteris*

分类地位：真蕨类、楔羊齿属
化石产地：山西 阳泉
地质年代：晚二叠世
生活环境：温暖潮湿的热带、亚热带地区
典型大小：小枝长12 cm

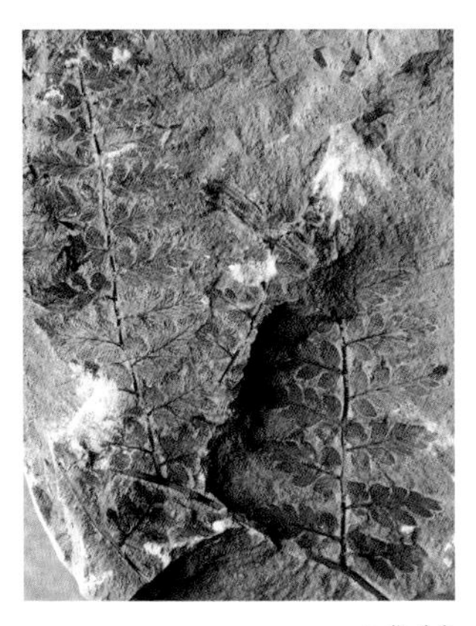
▶楔羊齿

蕨叶作2～3次羽状分裂。小羽片楔形或裂片状，基部收缩，仅中间的一部分或中脉部分直接着生于羽轴上。裂片最大的位于最下部，伸展，近于掌状。叶脉呈两次羽状，自基部伸出有时近于放射状。有时有一中脉，自中脉常以锐角分出侧脉。

栉羊齿 *Pecopteris*

分类地位：真蕨类、栉羊齿属
化石产地：山西 阳泉
地质年代：晚二叠世
生活环境：温暖潮湿的热带、亚热带地区
典型大小：蕨叶长8 cm

▶栉羊齿

多次羽状复叶。羽轴表面光滑或具细纵纹，或有鳞片、毛、瘤、刺等附属物，有的还具变态叶。羽片着生于羽轴的两侧或腹面。小羽片以舌形、椭圆形或矩形为主，少数三角形或镰刀形，基部整个着生于末级羽轴上或略收缩，分离或连合，边缘近平行，一般全缘，偶呈波状或浅裂。叶脉羽状，中脉一般明显；侧脉不分叉或分叉数次。

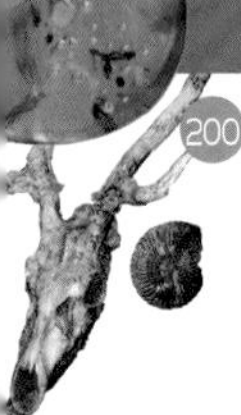

蛇不歹豪士曼蕨 *Hausmannia shebudaiensis*

分类地位：真蕨目、双扇蕨科
化石产地：辽宁 北票
地质年代：中侏罗世
生活环境：喜温热、潮湿气候，多生于河、湖与沼泽岸边凹地中
典型大小：叶片长6 cm

两枚叶片对生，圆形或椭圆形，叶缘具浅钝齿或微波状。脉序明显，每枚叶片有两条主脉自叶柄发出，然后双歧分叉多次，侧脉与主脉近于垂直并联结成方形或五角形脉网，在叶片背面网眼内含孢子囊3 ~16个。

▶ 蛇不歹豪士曼蕨

常鞘似木贼 *Equisetites longevaginatus*

分类地位：木贼目、拟木贼属
化石产地：辽宁 北票
地质年代：晚侏罗世
生活环境：生长于靠近水源充足地带和湿地
典型大小：标本气生茎长5 cm

▶ 常鞘似木贼

地上气生茎直立，分节，节部与节间近同宽，节上分枝，位置不定，分枝特征与主茎相同，唯略细。叶稍长，几乎全部贴包节间，从一侧可见叶鞘被4条纵沟分割收缩。偶见节部生出的块茎，近椭圆形或圆形，压缩后块茎表面微呈2条弧形纵棱。

瘦形似木贼 *Equisetites exiliformis*

分类地位：木贼目、拟木贼属

化石产地：辽宁 北票

地质年代：晚侏罗世

生活环境：生长于靠近水源充足地带和湿地

典型大小：标本气生茎长10 cm

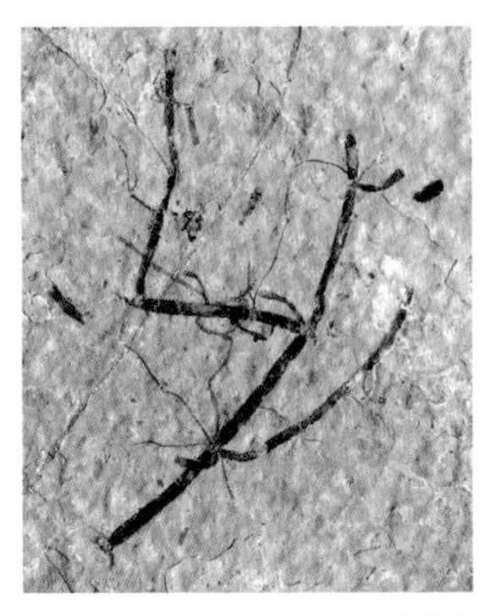

▶瘦形似木贼

在平卧的地下根茎上生出地上的气生茎，节部微微收缩，形成硬结。节间长3~4 cm，质地微薄，近节处可见2 ~3个纵向短沟，节间表面可见皱褶。有的标本节部生有块茎，单生或对生，圆形或椭圆形，可见同心状皱褶。气生茎的下部主茎宽约3 mm，节部平整，偶尔生出侧枝，节间很短，但在茎的上部分枝增多，并分散成楔形。叶鞘较短，叶齿3 ~4枚，很短，具尖。

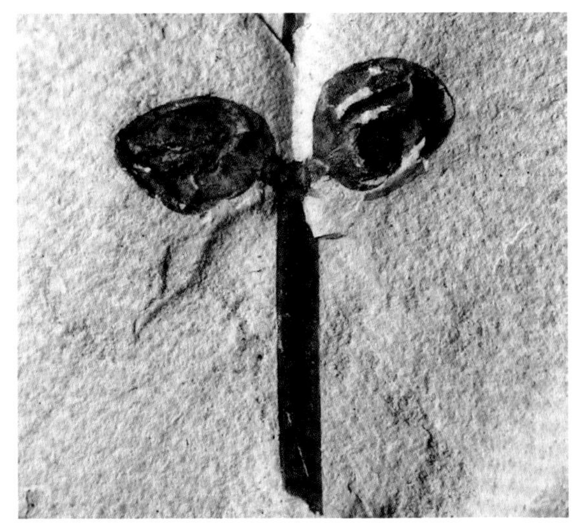

▶瘦形似木贼的块茎

裸子植物

异羽叶 *Anomozamites*

分类地位：本内苏铁目、异羽叶属
化石产地：内蒙古　宁城
地质年代：中侏罗世
生活环境：喜热耐旱，生长于湖泊的岸边或高地
典型大小：叶长6 cm

叶羽状，分裂成不规则的短而宽的裂片，裂片以整个基部着生于羽轴的两侧，接近方形。基部微微扩大，顶端一般为钝圆或圆形，也有成尖形的。叶脉简单或分叉，并和裂片的侧边平行。羽轴一般较细。

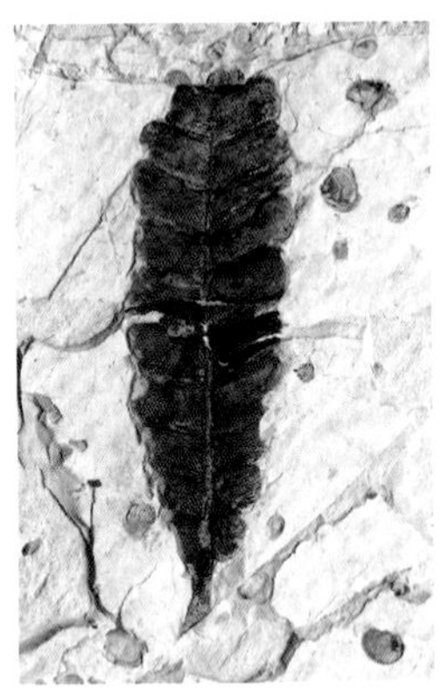

▶ 异羽叶

维尔霍杨新似查米羽叶 *Neozamites verchojanensis*

▶ 维尔霍杨新似查米羽叶

分类地位：本内苏铁目、新似查米羽叶属
化石产地：辽宁　北票
地质年代：早白垩世
生活环境：淡水湖附近温暖湿润环境
典型大小：羽片长1.5 cm

单独保存的羽片，羽片呈长卵形或矩圆形，长1.5 cm，宽5~7 mm，基部多未完整保存，羽片两侧及前缘均有分裂较深而指向上的裂齿。叶脉为从基部中央一点上伸出的一些分叉的叶脉，呈放射状进入两侧叶缘及前缘裂齿。

尖齿特尔马叶 *Tyrmia acrodonta*

分类地位：本内苏铁目、特马尔叶属
化石产地：辽宁 北票
地质年代：早白垩世
生活环境：喜热耐旱，生活于热带森林
典型大小：叶长6 cm

▶尖齿特尔马叶

单独保存的羽叶，近革质，呈带形，向顶端逐渐狭缩，近基部狭缩较急。叶轴较粗，表面具断续横皱纹，叶片着生于羽轴腹面两侧，未全覆盖羽轴，相邻叶片之间具一条明显的“缝合线”相连，并突出叶缘呈尖齿状，每枚裂片含平行脉3~8 条，偶尔分叉一次。

美丽威廉姆逊 *Williamsonia bella*

分类地位：本内苏铁目、威廉姆逊属
化石产地：辽宁 北票
地质年代：晚侏罗世
生活环境：喜热耐旱，生活于热带森林
典型大小：花长4 cm

▶美丽威廉姆逊

着生于小枝顶端的本内苏铁植物的雌性花，有的脱落后单独保存。雌花保存为侧向压缩及垂向压缩两种形式；“花”的下部由一个呈杯状的“花托”组成，在“花托”的外层基部有一层较小的长三角形的鳞叶。在“花托”的顶部密生许多线状披针形的苞鳞，它们互相叠覆，基部最宽，向上逐渐狭缩，顶端亚尖；在“花托”的中央有1个子座，子座周围有许多种间鳞片及小种子。

东方似管状叶 *Solenites orientalis*

分类地位：茨康目、似管状叶属

化石产地：内蒙古 宁城

地质年代：早白垩世

生活环境：生长于湖泊岸边的高地或坡地

典型大小：叶长12 cm

叶线形，约11枚，簇生于一短枝上。叶总体上向一侧拱形弯曲，叶不分裂，长10~13 cm，宽约1 mm。近顶端渐狭，顶端钝尖。叶脉不清。短枝横椭圆形，宽3 mm，高约2 mm，其细部构造未保存。

▶ 东方似管状叶

中华薄果穗 *Leptostrobus sinensis*

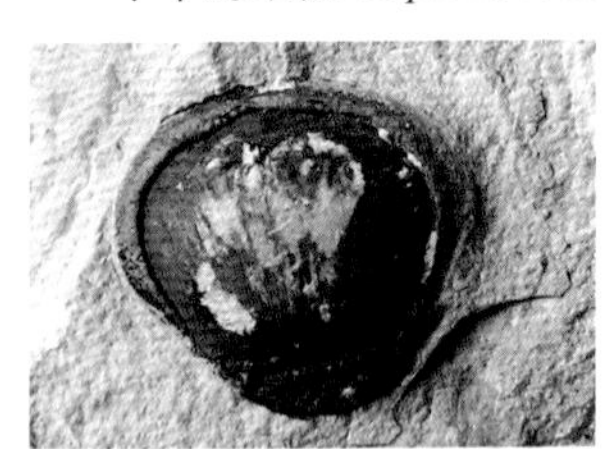

▶ 中华薄果穗的硕果

▶ 中华薄果穗

分类地位：茨康目、薄果穗属

化石产地：辽宁 北票

地质年代：晚侏罗世

生活环境：生长于湖泊岸边附近的高地或坡地

典型大小：蒴果直径7 mm

果穗化石，蒴果呈近圆形至宽到卵形，对生。向中央部分渐隆起，至近蒴果上部2/5处最凸。蒴果向基部收缩并变为近扁平，其外缘具扁平的边缘，表面具4条明显的隆脊。隆脊自蒴果基部伸出，呈扇状撒开，向顶部渐渐加宽。

强劲拜拉 *Baiera valida*

▶ 强劲拜拉

分类地位：银杏目、拜拉属
化石产地：辽宁 北票
地质年代：早白垩世
生活环境：生长于湖泊岸边的高地或坡地
典型大小：叶长5 cm

叶总体近扇形，叶近柄端深裂1次后，再在近基部以锐角深裂2次，末级裂片呈线形，多为劲直伸展，长3~5 cm，顶端尖或钝尖。叶脉明显，多为2条，较直，彼此近平行，多不分叉。叶柄直，长2~2.5 cm，叶柄基部呈略膨凸状，叶角质层未保存。

东北拜拉 *Baiera manchurica*

分类地位：银杏目、拜拉属
化石产地：内蒙古 宁城
地质年代：早白垩世
生活环境：生长于湖泊岸边的高地或坡地
典型大小：叶长5 cm

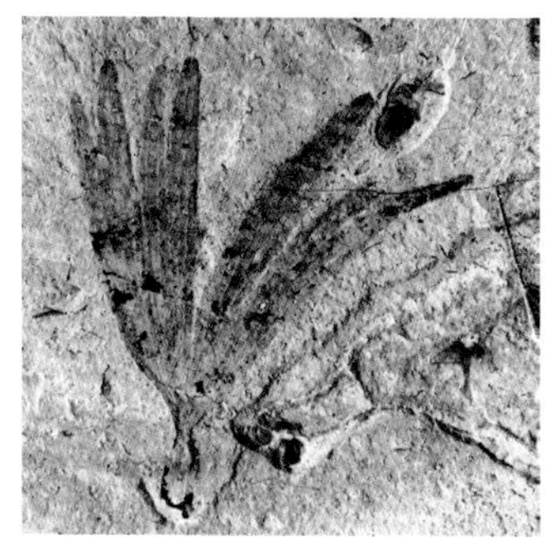

具一叶柄，叶片首先于基部深裂成2部分，之后又自行深裂2次，末级裂片约8枚。末级裂片近宽线形至倒披针形，顶钝尖至钝圆，每枚具脉4~6条。叶脉细，近平行。脉间可见呈断续单列的、纺锤形树脂体。角质层未保存。

▶ 东北拜拉

义马银杏 *Yimaia capituliformis*

▶义马银杏

分类地位：银杏目、义马银杏科

化石产地：内蒙古 宁城

地质年代：中侏罗世

生活环境：生长于湖泊岸边的高地或坡地

典型大小：叶长7 cm

叶扇形至半圆形，其叶具长柄。叶片分裂方式不定，常深裂为4~8个倒卵形至披针形的宽裂片。裂片顶部钝圆，基部缓缓收缩。叶脉多在裂片基部分叉，每一裂片的中上部含平行的叶脉4~11条，并在顶部稍作聚交状。胚珠器官较现生种小，仅为1/3，但数目较多，有2~4个，且分别顶生在长的珠柄上。

松型籽 *Pityospermum*

分类地位：松柏目、松型籽属。

化石产地：辽宁 北票

地质年代：晚侏罗世

生活环境：生长于淡水湖岸边附近的高地或坡地

典型大小：翅果长1.5 cm

单独保存的具翅种子化石。翅籽呈圆三角形至弓形，长1~2 cm，最宽处在中部或中下部，宽4~5 mm。基部有卵形种子，其长3~4 mm，宽2~2.5 mm。

▶松型籽

热河裂鳞果 *Schizolepis jeholensis*

分类地位：松柏目、裂鳞果属
化石产地：辽宁 北票
地质年代：晚侏罗世
生活环境：生长于淡水湖岸边附近的高地或坡地
典型大小：果穗长5 cm

▶ 热河裂鳞果种鳞复合体

▶ 热河裂鳞果

松柏类的果穗，呈圆柱形，由螺旋状着生的种鳞复合体组成。成熟后与轴离开或脱落被单独保存，种鳞复合体具一短柄，深裂成2个略呈披针形的裂瓣，种子着生于种鳞近轴面基部，较大，呈微扁卵圆形，几乎占满了整个基部。

雅致柏型枝 *Cupressinocladus elegans*

分类地位：松柏目、柏科
化石产地：山东 莱阳
地质年代：早白垩世
生活环境：干旱环境下，较为湿润的湖岸
典型大小：小枝长8 cm

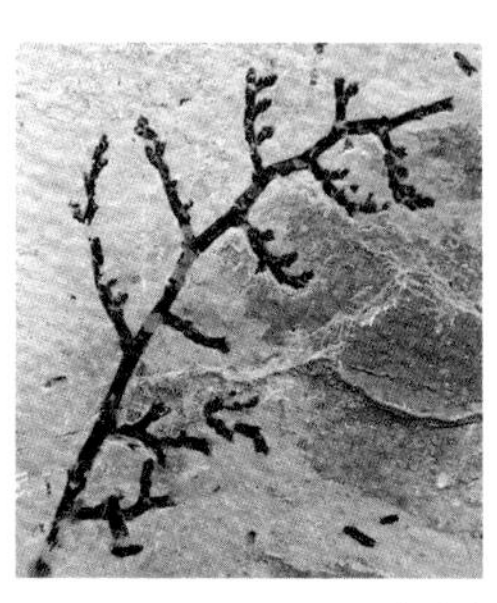

▶ 雅致柏型枝

枝互生，伸展在一个平面上。倒数二次小枝，常规则地向两侧各分出4个线形

细枝，或在上部向上侧分出两个线形细枝。叶小而细长，鳞片状，交互对生，顶端呈一宽的尖角。叶大部分贴于枝上，顶端尖角部分与枝分离。

长穗短叶杉 *Brachyphyllum longispicum*

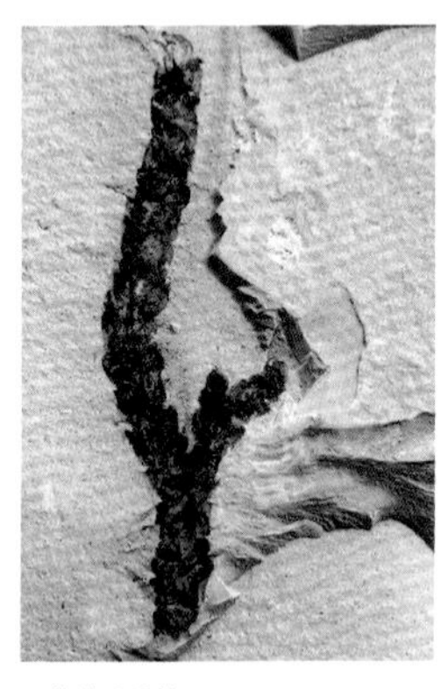

▶ 长穗短叶杉

分类地位：松柏目、短叶杉属

化石产地：辽宁 北票

地质年代：晚侏罗世

生活环境：生长于淡水湖岸边附近的高地或坡地

典型大小：小枝长3 cm

松柏类具叶小枝，不规则地分叉多次，末级枝呈圆柱形，顶端钝圆。枝上布满了贴生的菱形小叶，在较宽的枝上，叶多呈横展的菱形，而在先端较窄的枝上，多作纵向伸展的菱形。

厚叶短叶杉 *Brachyphyllum crassum*

分类地位：松柏目、短叶杉属

化石产地：山东 莱阳

地质年代：早白垩世

生活环境：较为湿润的湖岸

典型大小：枝长8 cm

松柏类营养枝化石。枝粗壮。末二级枝宽1~1.3 cm；末级枝对生，长6~10 cm，宽0.8~1 cm，以50°~60°伸出，顶端钝圆。叶贴生，呈螺旋状排列，表面具细纹，细纹由小圆点组成，向叶顶端聚敛。

▶ 厚叶短叶杉

北票坚叶杉 *Pagiophyllum beipiaoense*

分类地位：松柏目、坚叶杉属

化石产地：辽宁 北票

地质年代：晚侏罗世

生活环境：生长于干旱和半干旱环境下的湖边高地

典型大小：小枝长5 cm

松柏类具叶小枝，不规则地分叉1~3次。叶螺旋状着生，呈紧密的覆瓦状排列，自下延的叶基座伸出。叶革质状，长三角形，顶端尖、背部沿叶中央线纵向隆起，腹面相应微凹，叶脉不清，生殖器官及表皮构造均未保存。

▶ 北票坚叶杉

薄氏辽宁枝 *Liaoningocladus boii*

分类地位：松柏目、辽宁枝属

化石产地：辽宁 凌源

地质年代：早白垩世

生活环境：半干旱气候下，生长于湖岸的斜坡上

典型大小：枝长10 cm

松柏类带叶的长枝和短枝。短枝上丛生具叶的小枝。小枝上螺旋状着生许多狭长披针形叶，叶基呈半抱茎状。叶脉近平行，向顶端渐渐收敛，在叶的最宽处含脉6 ~11条，多在基部分叉一次。此种化石多以脱落的带叶小枝广泛分布于凌源及北票的湖泊沉积中。叶体厚革质状，表皮细胞及副卫细胞强角质化，气孔深陷。

▶ 薄氏辽宁枝

▶图片0421

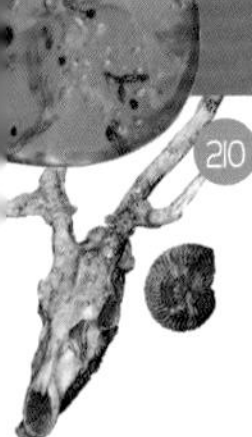

披针形林德勒枝 *Lindleycladus lanceolatus*

▶披针形林德勒枝

分类地位：松柏目、林德勒枝属

化石产地：辽宁 北票

地质年代：晚侏罗世

生活环境：半干旱气候下，生长于湖岸的斜坡上

典型大小：叶片长6 cm

具叶小枝，叶轴较直、细，其上螺旋状着生6 ~10枚披针形叶片，叶长3~6 cm，最宽处5 ~7 mm，顶端尖细，每枚叶片含脉18~20条。

▶苏铁杉

苏铁杉 *Podozamites*

分类地位：松柏目、苏铁杉属

化石产地：辽宁 北票

地质年代：早白垩世

生活环境：适应炎热干旱的气候，淡水湖岸附近

典型大小：叶片长4 cm

当前标本为单独保存的长披针（长椭圆）至宽线形的叶，叶形体小，长2.3~4.3 cm，宽3~4 mm，顶端钝尖，每枚叶片具细而近平行的脉7~9条，表皮构造未保存。

羽状纵型枝 *Elatocladus pinnatus*

分类地位：松柏目、纵型枝属
化石产地：辽宁 北票
地质年代：早白垩世
生活环境：生长于淡水湖岸边附近的高地或坡地
典型大小：小枝长5 cm

▶ 羽状纵型枝

在一个平面上呈羽状排列，羽状分枝间距1~2 cm。叶呈螺旋状着生，在主枝上的较大，呈线状披针形。分枝上的呈长三角形，叶顶端钝圆，微向外弯成镰刀形，厚革质状，背部微凸，每枚具中脉1条，不明显，叶螺旋状着生于枝轴上。雌、雄球果单生于枝顶，雄球果长卵形，雌球果卵圆形。

中国燕辽杉 *Yanliaoa sinensis*

▶ 中国燕辽杉

分类地位：松柏目、燕辽杉属
化石产地：内蒙古 宁城
地质年代：中侏罗世
生活环境：生长于湖泊岸边或高地的潮湿地带
典型大小：小枝长12 cm

小枝排列于一个平面上，叶二型。鳞叶螺旋排列于小枝基部，小披针形。针形叶扁平，具清楚中脉，顶钝圆，最宽处位于叶顶端，成假两列式排列与轴交30°~40°，基部渐尖，但不显著收缩。

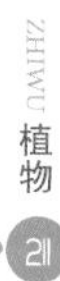

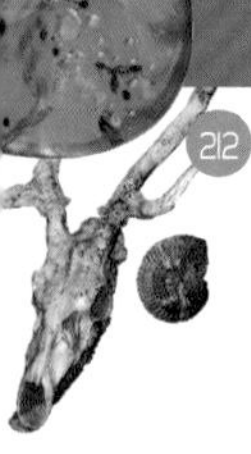

二列水杉 *Metasquoia disticha*

分类地位：松柏目、杉科
化石产地：黑龙江　嘉荫
地质年代：古新世
生活环境：生活于温暖湿润的环境
典型大小：枝长7 cm

▶ 二列水杉

标本为具叶小枝化石，其叶二列，交互对生，叶基下延成叶柄等形态特征，与抚顺始新世地层中的Metasquoia disticha的某些标本相一致。

优美古尔万果 *Curvanella exquisite*

分类地位：买麻藤目、百岁兰科
化石产地：内蒙古　宁城
地质年代：早白垩世
生活环境：属于旱生植物，耐高温和干旱气候
典型大小：种子长1 cm

▶ 优美古尔万果

具翼种子，似翅果状，横椭圆形或近圆形，较大，通常为（10~12）mm×（9~11）mm。种子可能为3枚，长椭圆形，大小3 mm×（1~1.5）mm；内种皮较厚，0.4~0.5 mm。向上近珠孔处渐尖，外种皮呈翅状，并在种子的基部呈一柄状，长1~1.5 mm，种翅相当宽，2~3 mm，呈环形膜质状，具辐射状细脉，分叉并结网。

被子植物

辽宁古果 *Archaefructus liaoningensis*

分类地位: 双子叶植物纲、古果科
化石产地: 辽宁　北票
地质年代: 晚侏罗世
生活环境: 水生并包括近岸湿生
典型大小: 果枝长8 cm，营养叶长3 cm

辽宁古果属于被子植物门、双子叶植物纲、古双子叶亚纲、古果科，被国际古生物学界认为是迄今最早的被子植物。生殖枝由主枝及侧枝组成，枝上螺旋状着生数十枚蓇葖果，其顶端具一短尖头；蓇葖果由心皮对折闭合而成，内含数枚胚珠（种子），种皮的表皮细胞具略弯曲的垂周壁及较强的角质化；雄蕊（群）位于心皮之下，其基部着生在一"栓凸"状短基上，在轴上螺旋状排列。每个短基上着生2~3枚雄蕊；叶似草本，多次羽状分裂，小羽片深裂，每枚裂片中间具一细脉。

▶辽宁古果的一段果枝

▶辽宁古果营养叶

强刺北票果 *Beipiaoa spinosa*

分类地位：被子植物？北票果属
化石产地：辽宁 北票
地质年代：晚侏罗世
生活环境：水生植物
典型大小：果实长1 cm

▶ 强刺北票果

可能属于被子植物。单独保存的具刺果实化石。果实近倒三角形或长椭圆形，少数呈横椭圆形。形体较大，长6~10 mm，宽4~6 mm。果实远端具3枚长刺，刺较坚直，呈狭长的三角形，长3~5 mm，基部较宽1 mm以上，向顶端渐狭，顶端尖。果实基部似具一倒三角形的基座，其下端可能与生殖枝轴相连。果实似含2~4枚种子，种子近纺锤形，长2~3 mm，最宽处约1 mm。

裂叶钓樟 *Lindera paraobtusiloba*

分类地位：樟目、樟科
化石产地：山东 山旺
地质年代：中新世
生活环境：亚热带常绿、落叶阔叶混交林
典型大小：叶长11 cm

▶ 裂叶钓樟

叶卵形至宽卵形，上部3裂，顶端钝3裂形，基部宽圆或宽楔形，全缘，叶柄粗。3基出脉，中主脉细长，侧主脉长，侧至侧裂片前部。自中主脉生出二次脉约4对，互生，近边缘分支，环结，在侧主脉外侧生出二次脉约4条，弧曲近叶缘处环结。三次脉形成不规则脉网。

山旺莲 *Nelumbo shanwangensis*

分类地位：睡莲目、睡莲科
化石产地：山东 山旺
地质年代：中新世
生活环境：亚热带温暖湿润气候下的山旺湖
典型大小：叶长20 cm

▶ 山旺莲1

▶ 山旺莲2

叶圆形，盾状，全缘或微波状，叶柄粗壮，在叶中央处为叶柄盾状着生处。叶脉从中央放射出，通常21条，有1~2次叉状分支，放射状脉粗壮，细脉不清。

尾金鱼藻 *Ceratophyllum miodemersum*

分类地位：金鱼藻目、金鱼藻科
化石产地：山东 山旺
地质年代：中新世
生活环境：亚热带温暖湿润气候下的山旺湖
典型大小：茎长20 cm

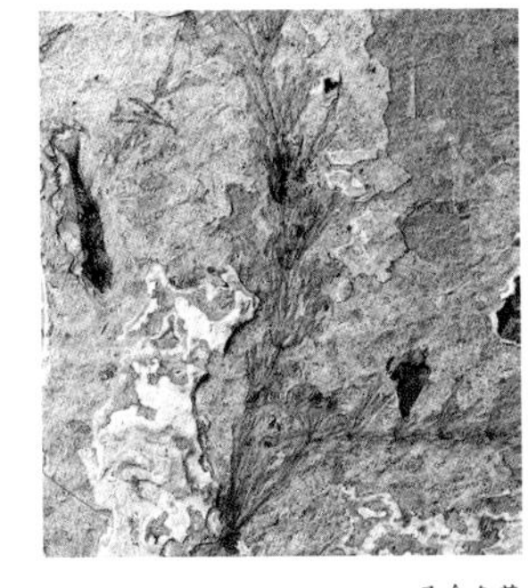

▶ 尾金鱼藻

为水生草本植物。茎细长，在化石中茎保存的长度能够达40 cm。叶在茎上轮生，1~2回二歧分叉，裂片呈丝状，长1~2 cm不等。

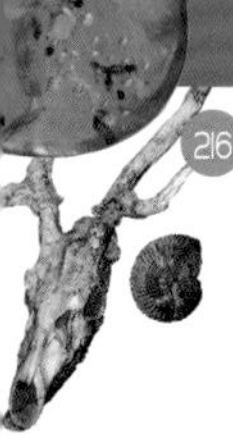

忍冬叶弗特吉 *Fothergilla viburnifolia*

分类地位：虎耳草目、金缕梅科
化石产地：山东 山旺
地质年代：中新世
生活环境：亚热带常绿、落叶阔叶混交林
典型大小：叶子长6 cm

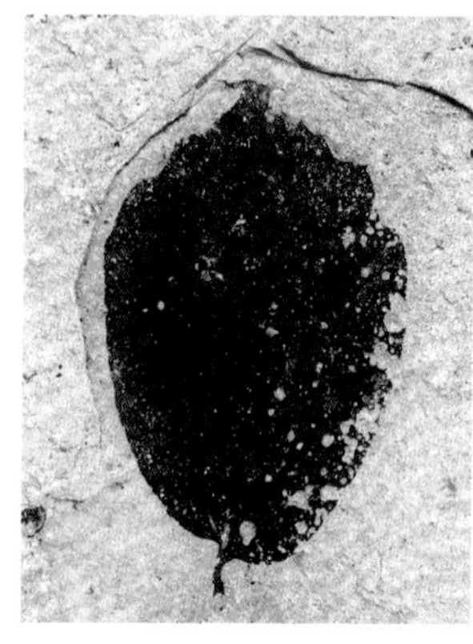

▶ 忍冬叶弗特吉

叶菱状倒卵形，顶端渐尖，基部窄圆形，微不对称。仅叶的上部边缘具疏齿，叶柄粗壮。为不对称的离基三出脉，中脉细长，微折曲，基部一对侧主脉，一侧伸至叶全长的一半以上，另一侧仅伸至1/3处，侧主脉具几条外脉，间距整齐，沿着叶缘形成环。侧脉3~4对，互生，以45°从中脉生出，微弯曲，伸达叶缘齿尖。三次脉一般以近直角从侧脉生出，间距整齐，在侧脉近顶处有的分枝进入叶缘齿尖；细脉形成明显的多边形网眼。

古瓜叶乌头 *Aconitum prehemsleyanum*

分类地位：毛茛目、毛茛科
化石产地：山东 山旺
地质年代：中新世
生活环境：亚热带常绿、落叶阔叶混交林
典型大小：叶长6 cm

叶卵状三角形，深裂至叶的3/4处，基部心形，中间裂片梯状菱形，具3浅裂，裂片具少数小裂片或卵形粗牙齿，侧裂片斜扇形，不等2浅裂，具粗牙齿。叶柄近1 cm。掌状三出脉，中主脉直，伸入中间裂片顶部，具侧脉约4对，斜直伸入浅裂粗牙齿顶部。侧初生脉以70°~80°直伸

▶ 古瓜叶乌头

入斜扇形侧裂片内直达顶部，侧生裂片内的二级脉两侧不对称。外侧基部3条，斜直伸入叶缘粗牙顶端。内侧1条与中主脉平行伸展，达中间裂片凹缺处。

原始悬铃木 *Platanus protoacerifolia*

分类地位：山龙眼目、悬铃木科
化石产地：山东 山旺
地质年代：中新世
生活环境：亚热带常绿、落叶阔叶混交林
典型大小：叶长8 cm

叶轮廓为阔卵形，上部掌状3裂，中央裂片深过半，两侧裂片稍短，边缘有少数裂片状粗齿。复出掌状脉，从基部发出3条初生脉，二次脉具4~5对，外侧的微弧曲伸向叶缘，从侧初生脉近基处生出的脉伸入较小的外侧裂片。

▶ 原始悬铃木

▶ 翁格榉

翁格榉 *Zelkova ungeri*

分类地位：蔷薇目、榆科
化石产地：山东 山旺
地质年代：中新世
生活环境：亚热带常绿、落叶阔叶混交林
典型大小：小叶长2 cm

叶卵状椭圆形至长卵形，叶顶渐尖，基部微不对称，宽楔形至钝圆，叶缘具大的单齿，齿两侧明显不等，外侧向前弯，为内侧长的倍数，叶柄粗壮，短。羽状脉，主脉直或微弯。侧脉10对左右，随叶大小而侧脉对数有变化，仅1 cm长的叶，侧脉3~4对，侧脉顶部伸入叶缘齿尖。三次脉近于贯穿型。

长柄榕 *Ficns longipedia*

分类地位：蔷薇目、桑科
化石产地：山东 山旺
地质年代：中新世
生活环境：亚热带常绿、落叶阔叶混交林
典型大小：叶长12 cm

叶倒卵形，顶端尾状渐尖（滴水叶尖），基部宽楔形，微不对称，叶缘在中上部具细锯齿，中下部全缘，叶柄细长。羽状环结脉，中脉细、直；侧脉约9对，互生，约55°自中脉生出，近叶缘处环结；三次脉不清。

▶ 长柄榕

大叶板栗 *Castanea miomollissima*

分类地位：壳斗目、壳斗科
化石产地：山东 山旺
地质年代：中新世
生活环境：亚热带常绿、落叶阔叶混交林
典型大小：叶长12 cm

▶ 大叶板栗

叶椭圆状披针形，长7~17 cm，顶端急渐尖，基部宽楔形或钝圆，微不对称，叶缘锯齿，齿尖具刺芒，叶柄粗壮。羽状达缘脉序，中脉粗强；侧脉10~15对，以40°~55°自中脉生出，斜直伸入叶缘齿尖；三次脉整齐贯穿型，与侧脉成直角，近叶缘处相连成环；细脉网状。

密脉鹅耳枥 *Carpinus miofangiana*

分类地位：壳斗目、壳斗科
化石产地：山东 山旺
地质年代：中新世
生活环境：亚热带常绿、落叶阔叶混交林
典型大小：叶长10 cm

▶ 密脉鹅耳枥

叶卵状矩圆形或卵状披针形，顶端长渐尖，基部窄圆形或浅心形，微不对称，叶缘具尖锐的重锯齿。羽状达缘脉序，中脉直或微弯曲；侧脉15~20对，基部侧脉具明显的外脉，侧脉通常以40°~50°从中脉生出，近边缘处微前弯曲，顶端进入叶缘大齿内。有的侧脉在近边缘具2~3个分支，分支分别进入重齿内；三次脉与侧脉垂直，较整齐，彼此平行。

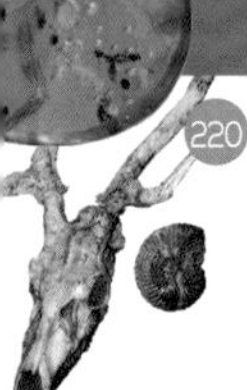

古鹅耳枥 *Carpinus* mioturczaninowii

▶ 古鹅耳枥

分类地位：壳斗目、壳斗科
化石产地：山东 山旺
地质年代：中新世
生活环境：亚热带常绿、落叶阔叶混交林
典型大小：果苞长2.5 cm

化石为果实的果苞，果苞叶状，卵形，具中脉，两侧不对称，顶端急尖，基部圆形。果苞柄粗壮，具掌状脉5~6条，中脉具几个粗壮的分支，分支以锐角生出，直达边缘，侧初生脉放射状，伸入边缘齿内，其分支进入小齿，边缘具粗而不整齐的重锯齿。小坚果球形，位于果苞基部。

华山核桃 *Carya miocathayensis*

分类地位：壳斗目、胡桃科
化石产地：山东 山旺
地质年代：中新世

▶ 华山核桃

▶ 华山核桃核果

生活环境：亚热带常绿、落叶阔叶混交林
典型大小：小叶长8 cm，核果长3 cm

奇数羽状复叶，大小不等，小叶均无柄。顶生小叶常呈倒卵状披针形，基部渐狭，呈楔形。其他小叶多为卵状披针形，顶端长渐尖，基部微不对称，圆形或宽楔形。叶缘具明显锐锯齿。中脉微弯曲，侧脉15对以上，弧曲，近叶缘处分支。三次脉不整齐，连接于二次脉间。叶质地坚硬；核果近球形，顶端微突出，壳厚2 mm，在内侧显示出纵肋，具2瓣核仁。

阔叶杨 *Populus latior*

分类地位：金虎尾目、杨柳科
化石产地：山东 山旺
地质年代：中新世
生活环境：亚热带常绿、落叶阔叶混交林
典型大小：叶长6 cm

叶近圆形，通常长度小于宽度。顶端急尖，基部阔圆形或截形，叶缘具钝齿，叶柄较粗壮，长3 cm以上。基生脉3~5出，中主脉近顶处“之”字折曲。最外的侧主脉细短，近与叶缘平行伸展。近中主脉的一对其夹角约45°，伸至叶前部，具外脉。其余侧脉3~5对，以45°~55°从中脉生出，近叶缘分叉，分支达叶缘或叶缘齿内。三次脉成不规则网状。

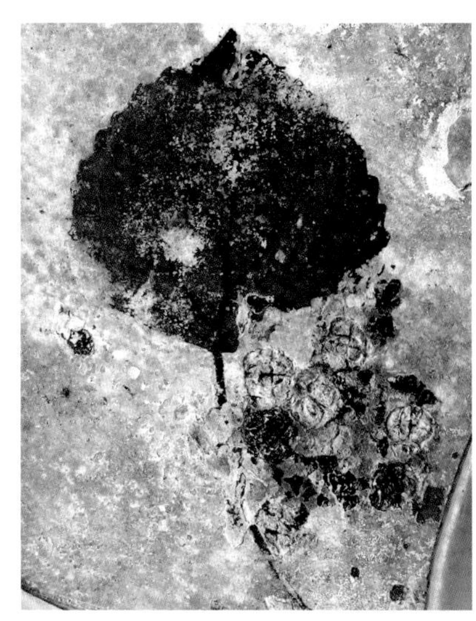

▶ 阔叶杨

杨叶桐 *Mallotus populifolia*

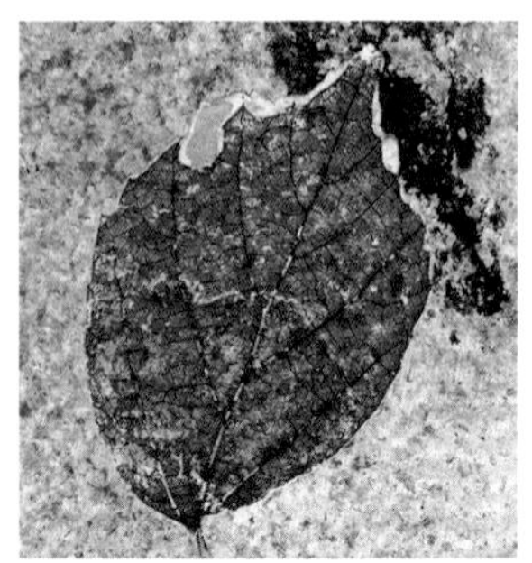
▶ 杨叶桐

分类地位：金虎尾目、大戟科
化石产地：山东 山旺
地质年代：中新世
生活环境：亚热带常绿、落叶阔叶混交林
典型大小：叶长6 cm

叶三角状卵形，顶端长渐尖，基部浅心形，叶缘具疏的粗齿。掌状三出脉，中主脉直，侧主脉弯曲伸至叶1/2处，外侧具外脉3~4条，弧曲伸向叶缘；侧脉4~5对，从中脉以约40°生出，弯曲伸向叶缘进入齿尖；三次脉较整齐及顶。

古紫椴 *Tilia preamurensis*

分类地位：锦葵目、椴树科
化石产地：山东 山旺
地质年代：中新世
生活环境：亚热带常绿、落叶阔叶混交林
典型大小：叶长8 cm

▶ 古紫椴

叶近圆形，顶端急渐尖或成尾状，基部微不对称或稍整正浅心形。叶缘具粗大锯齿，齿尖具突出尖头，叶柄粗强。掌状五出脉，中主脉粗，外侧主脉弱，近轴侧主脉伸至叶1/2处或更长，外侧具外脉6~7条，从主脉生出的二级脉5~6对，夹角40°~50°，顶端进入叶缘齿；三级脉与侧脉垂直，细脉网状。

偏心叶椴 *Tilia miohenryana*

分类地位：锦葵目、椴树科
化石产地：山东 山旺
地质年代：中新世
生活环境：亚热带常绿、落叶阔叶混交林
典型大小：叶长8 cm

叶卵形至阔卵形，顶端急渐尖，基部为不对称浅心形至深心形，叶缘具粗锯齿，齿尖刺芒状，叶柄粗大。掌状五出脉，中脉粗直，最外的侧主脉一侧不显，一侧短沿叶缘弯曲伸至叶缘，近轴的侧主脉一侧伸至2/3处，外侧具外脉6~7条，另一侧仅伸至1/2处，具外脉4~5条，从主脉生出的二级脉5~6对，夹角40°~50°，弧曲，近叶缘分支，达齿尖。三级脉连结于侧脉间，细脉网状。

▶ 偏心叶椴

华梧桐 *Firmiana sinomiocenica*

分类地位：锦葵目、梧桐科
化石产地：山东 山旺
地质年代：中新世
生活环境：亚热带常绿、落叶阔叶混交林
典型大小：叶状心皮长8 cm

果成熟时叶状心皮开裂，心皮膜质，呈长倒卵形，具清晰脉纹，长7.5~9 cm，宽3~3.7 cm，种子球形，着生于心皮边缘。

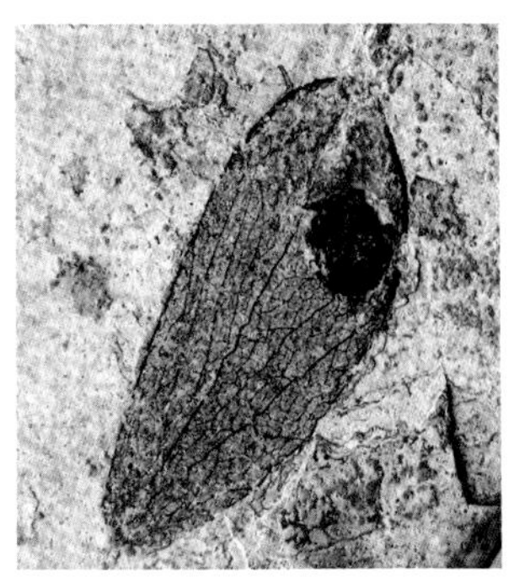

▶ 华梧桐（果）

绒合欢 *Albizzia miokalkora*

分类地位： 豆目、豆科
化石产地： 山东 山旺
地质年代： 中新世
生活环境： 亚热带常绿、落叶阔叶混交林
典型大小： 小叶长3 cm，荚果长8 cm

▶ 绒合欢

▶ 绒合欢的荚果

为羽状复叶，小叶长卵形，顶端钝圆，基部近圆形，微不对称，全缘，微波状。弧曲脉序，中轴明显微弯；侧脉密，细长，以30°~45°从中脉生出，在小叶较宽的一侧基部生出一基侧脉，伸至叶1/3处，在边缘环结，其余侧脉在近边缘处不整齐分支形成环；三次脉形成粗脉网。荚果扁平，条形，长7~9 cm，宽1.2~1.5 cm，种子卵圆形，横径0.5~0.7 cm。

华紫荆 *Cercis michinensis*

分类地位： 豆目、豆科
化石产地： 山东 山旺
地质年代： 中新世
生活环境： 亚热带常绿、落叶阔叶混交林
典型大小： 叶长8 cm，夹果长5 cm

叶近圆形，顶端渐尖，基部宽心形。叶边全缘或微波状，叶柄较粗，

▶ 华紫荆

▶ 华紫荆的荚果

常在与叶片相接处膨大变粗。掌状5~7出脉、中脉细长，直，远轴第1对侧主脉短，近轴1对侧主脉长，达叶长2/3处，弧曲，外侧具分支3~5条，中间1对侧主脉常弧曲伸至叶下部1/3处，外侧具分支3~4条，弧曲至叶缘；中主脉的上部生出二级脉4~5对，弧曲伸向叶缘；三次脉连接于侧脉间，间距大，细脉网状。荚果扁平，长5 cm，基部钝楔形，顶端急渐尖，腹缝线一侧具狭翅，种子数目少。

华肥皂荚 *Gymnocladus miochinensis*

分类地位：豆目、豆科

化石产地：山东 山旺

地质年代：中新世

生活环境：亚热带常绿、落叶阔叶混交林

典型大小：小叶长3 cm

二回偶数羽状复叶，叶轴粗壮，具槽，小叶近对生，近无柄，小叶长椭圆披针形，顶端圆或钝，基部圆形或宽楔形，稍偏斜，边缘全缘。中脉直；侧脉不甚明显，间距较宽，以50°～60°自中脉生出，弧曲至叶缘。

▶ 华肥皂荚

鲁葛藤 *Pueraria miothunbergiana*

分类地位：豆目、豆科
化石产地：山东 山旺
地质年代：中新世
生活环境：亚热带常绿、落叶阔叶混交林
典型大小：叶长8 cm

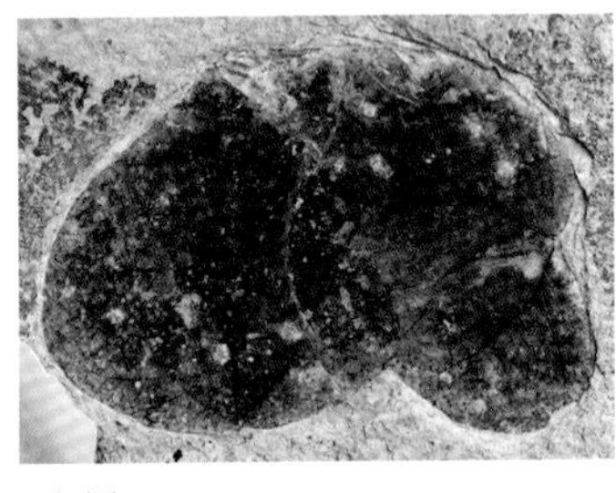
▶ 鲁葛藤

此标本包含鲁葛藤的顶生小叶及侧生小叶。顶生小叶近圆形，顶端渐尖，基部宽圆形，有时具不明显的浅裂。叶全缘或微波状，叶柄粗壮，掌状三出脉，中脉直，侧初生脉微弯曲达小叶中部以上；侧脉5对，以40°~50°从中脉生出，近边缘急弯曲，与叶缘平行后消失，自侧主脉伸出外脉6~9条，弯曲伸向叶缘，外脉近边缘整齐分支达缘。侧生小叶基部不对称，中脉弯曲，其他特征同顶生小叶。

柄豆荚 *Podogonium oehningense*

分类地位：豆目、豆科
化石产地：山东 山旺
地质年代：中新世
生活环境：亚热带常绿、落叶阔叶混交林
典型大小：柄豆荚长4 cm

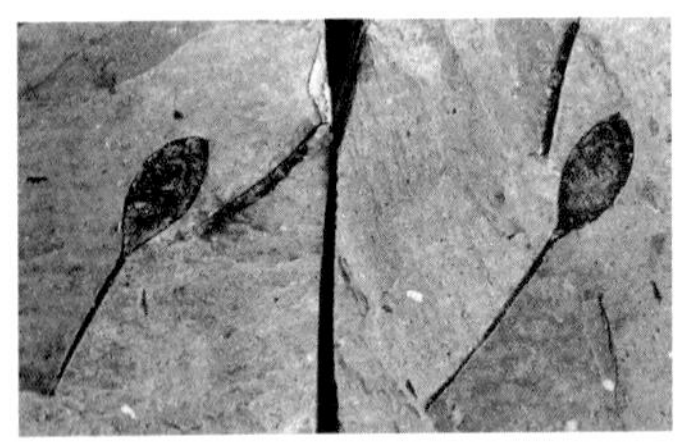

荚果椭圆形，具长梗，长3~4 cm，粗强，果顶端急尖，基部渐狭，微偏斜，边缘一边凸起，可能为脊，具一粒种子，种子不显。

▶ 柄豆荚

复叶似豆 *Leguminosites climensis*

分类地位：豆目、豆科
化石产地：山东 山旺
地质年代：中新世
生活环境：亚热带常绿、落叶阔叶混交林
典型大小：小叶长2.3 cm

▶ 复叶似豆

羽状复叶，具细长的柄，保存有对生的小叶，小叶披针形，基部为不对称的圆形，顶端有一尖刺，长约0.5 mm，叶缘全缘。中脉直，直达小叶顶端成刺；侧脉细，甚多，弯曲，在近叶缘处同三次脉连接形成脉网，在小叶的近轴一侧自叶基沿叶缘向上伸出一条侧脉，其长度为小叶的1/3；三次脉在侧脉间呈现粗网状，几乎无柄或有极短而强的小叶柄。叶质坚固。

虚藤罗 *Wisteria fallax*

分类地位：豆目、豆科
化石产地：山东 山旺
地质年代：中新世
生活环境：亚热带常绿、落叶阔叶混交林
典型大小：叶长9 cm

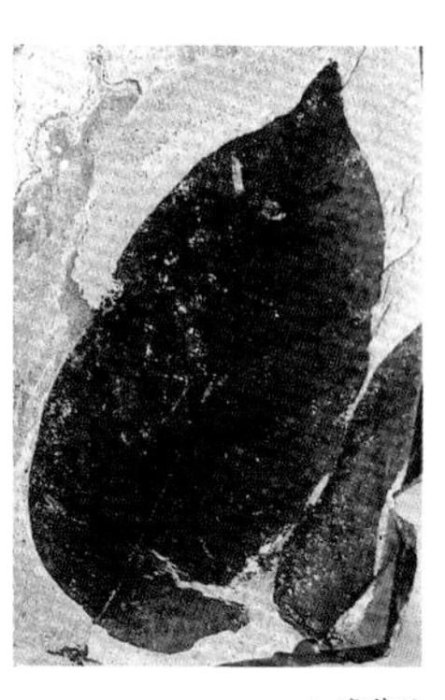
▶ 虚藤罗

为奇数羽状复叶，小叶卵形或卵状矩圆形，顶端渐尖或长渐尖，基部阔圆形，全缘，小叶柄较粗，长0.5~0.7 cm。羽状脉，中脉细，近顶处不显，微弯；侧脉8~11对，以45°~55°自中脉生出，弧曲伸至叶缘环结；三次脉不清晰。

钱耐果 *Chaneya kokangensis*

▶ 钱耐果

分类地位：无患子目、漆树科

化石产地：山东 山旺

地质年代：中新世

生活环境：亚热带常绿、落叶阔叶混交林

典型大小：果实长2 cm

该果实由1个下位膨大的花萼和1至多枚球形果体组成，具5枚倒卵形的萼片。花萼具有纵向排列的气孔，并且在果实发育的早期阶段显示了5枚离生心皮组成的雌蕊群，其中仅有1或2枚心皮在成熟时增大。

木腊树 *Rhus miosuccedanea*

▶ 木腊树

分类地位：无患子目、漆树科

化石产地：山东 山旺

地质年代：中新世

生活环境：亚热带常绿、落叶阔叶混交林

典型大小：小叶长10 cm

奇数羽状复叶，顶生小叶椭圆形，侧生小叶披针形，常呈镰状，长5.3~11.2 cm，顶端长渐尖，基部楔形，不对称。羽状脉，中脉强壮；侧脉12~20对，互生，以45°~80°自中脉生出，基部的夹角大，侧脉弧曲具分支，侧脉间具间脉，在近边缘处与侧脉连接成环；三次脉与侧脉近垂直，形成长方形脉网。

华臭椿 *Ailanthus youngi*

分类地位：无患子目、苦木科
化石产地：山东 山旺
地质年代：中新世
生活环境：亚热带常绿、落叶阔叶混交林
典型大小：翅果长3.5 cm

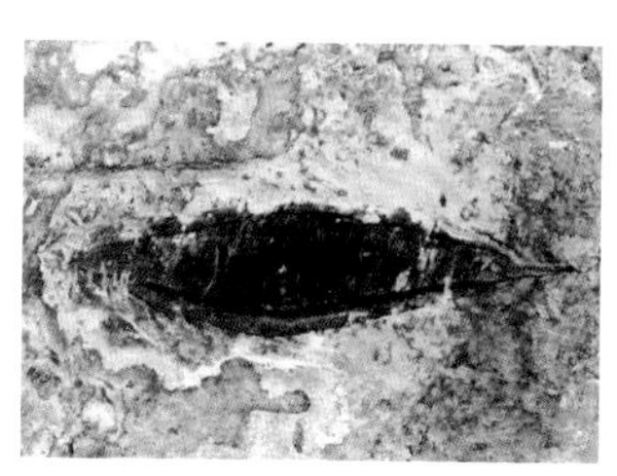
▶ 华臭椿的翅果

翅果长椭圆形，长3~3.6 cm，两端渐尖，种子位于中部，种子卵圆形或圆形。

圆基香椿 *Toona bienensis*

分类地位：无患子目、楝科
化石产地：山东 山旺
地质年代：中新世
生活环境：亚热带常绿、落叶阔叶混交林
典型大小：小叶长8 cm

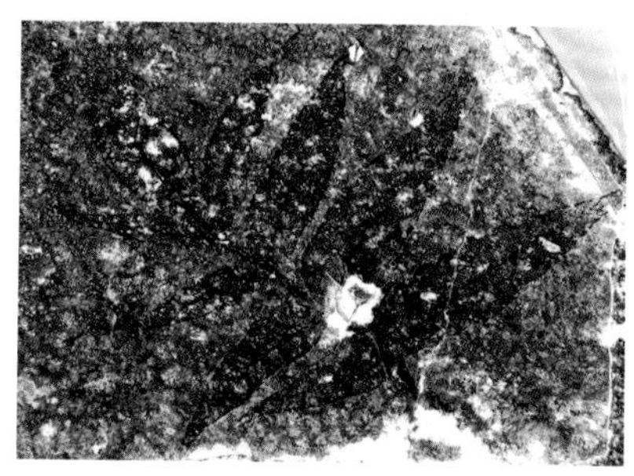
▶ 圆基香椿

奇数羽状复叶，小叶披针形，长6~9.7 cm，基部偏圆形，明显不对称（顶端小叶圆形，对称），顶端渐尖，小叶柄粗壮，长1~2 mm。叶边全缘或微波状。中脉在2/3以下较直，向上弯曲明显；侧脉羽状，弧曲，近对生，12~16对，以55°~60°从中脉生出，在叶缘附近弯曲，不环结；三次脉自二次脉垂直斜向生出，成脉环。

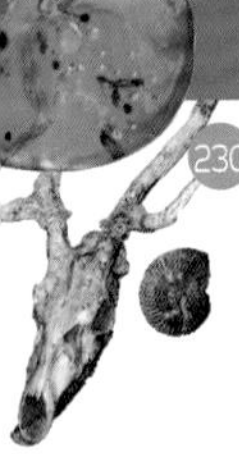

中型叶槭 *Acer medianum*

分类地位：无患子目、槭树科
化石产地：山东 山旺
地质年代：中新世
生活环境：亚热带常绿、落叶阔叶混交林
典型大小：叶长6 cm

▶ 中型叶槭

单叶3裂状，侧裂片和裂片近等长，椭圆形至圆形，基部急尖至宽圆，窄或宽心形，裂片椭圆形，侧裂片明显不对称，中裂片前部具1对或2对裂状齿。具掌状脉，中主脉具约5对二级脉与侧裂片的侧初生脉平行，夹角30°~40°直行脉序，从侧初生脉生出的二级脉3~5对。

彩叶槭 *Acer subpictum*

▶ 彩叶槭

分类地位：无患子目、槭树科
化石产地：山东 山旺
地质年代：中新世
生活环境：亚热带常绿、落叶阔叶混交林
典型大小：叶长12 cm

叶掌状5裂，基部平截或浅心形或宽圆形，外侧1对裂片短三角状卵形，内侧1对裂片和中裂片均三角状卵形，顶端渐尖，边缘全缘，叶柄较粗。掌状五出脉，二次脉分别自初生脉以45°~50°生出，细弱，弧曲至叶缘，有时具间脉，三次脉细，直接组成细脉网。小坚果扁平，果翅矩圆形。

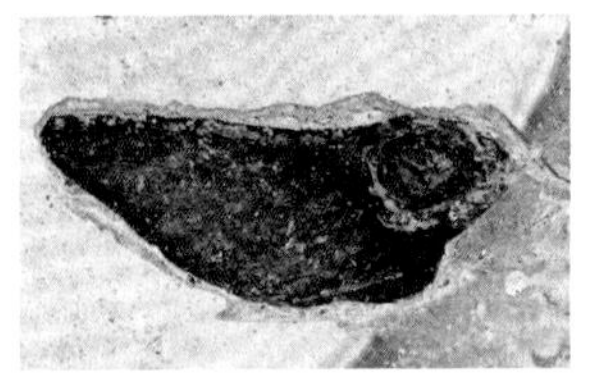

▶ 彩叶槭的翅果

槭叶刺楸 *Kalopanax acerifolum*

分类地位：伞形目、五加科
化石产地：山东 山旺
地质年代：中新世
生活环境：亚热带常绿、落叶阔叶混交林
典型大小：叶长8 cm

叶掌状5~7裂，广圆形，基部浅心形，叶边具细锯齿，叶柄粗状，叶裂片宽三角形至阔卵形，裂片顶渐尖，基部1对裂片窄而尖锐。掌状5~7出脉，基部一对短，向外侧弯，其余初生脉粗壮，以中主脉最强。二次脉分别从初生脉生出，近对生，近叶缘处弧曲成脉环；三次脉形成不规则脉网，近边缘处与二次脉联接成环，分支至叶缘齿。

▶ 槭叶刺楸

多花藤 *Berchemia miofloribunda*

分类地位：蔷薇目、鼠李科
化石产地：山东 山旺
地质年代：中新世
生活环境：亚热带常绿、落叶阔叶混交林
典型大小：叶长10 cm

▶ 多花藤

叶卵形至阔卵形或卵状椭圆形，顶端钝尖，基部宽，叶全缘或微波状，叶柄粗壮，一般直，稀弯曲，长1~1.5 cm。中脉较粗，直伸；侧脉9~13对，互生或近对生，以40°~50°自中脉生出，基部与中脉的夹角较大，彼此平行伸展，弧曲，向上弯至叶缘。三次脉连接于侧脉间，彼此平行，整齐，垂直于主脉。叶质地坚硬。

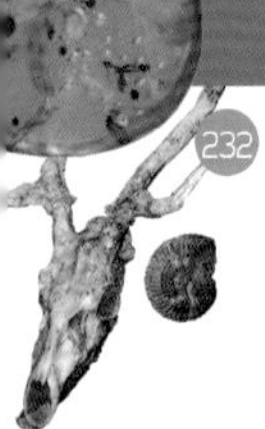

眼子菜 *Potamogeton*

分类地位：眼子菜目、眼子菜科
化石产地：山东 山旺
地质年代：中新世
生活环境：亚热带温暖湿润气候下的山旺湖
典型大小：茎长10 cm

水生草本，茎细长分枝，叶有沉没于水中或浮于水面的，互生或对生。沉于水中者通常线形，浮在水面者有柄，线状披针形，通常长2~3 cm，宽2~5 mm，顶端钝头，基部近圆形或窄狭，无柄，边缘呈波状，叶脉不清楚。未定种。

▶ 浮于水面的眼子菜

▶ 沉于水中的眼子菜

分类不明植物

多籽石籽 *Carpolithus multiseminalis*

化石产地： 辽宁 北票
地质年代： 早白垩世
生活环境： 生长于淡水湖岸边附近的高地或坡地
典型大小： 果枝长3 cm

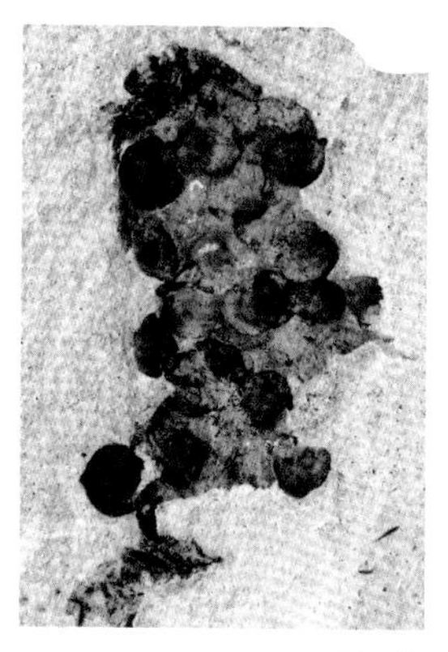
▶ 多籽石籽

带有种子的果枝化石，小枝很细弱，宽1 mm，长度不明，小枝可能具节，节间长5~6 mm。叶腋中长有种子，种子圆形，似无柄，直径约2 mm，似易脱落，单独保存。种子被压后扁平，外表面由细微的点线构成弧形细纹，外表皮脱落后，四周露出窄边，种子紧挤，近圆形，每枚种子的中央具有1个暗色的脐状凹穴。

卵形毛籽 *Problematospermum ovale*

化石产地： 辽宁 北票
地质年代： 早白垩世
生活环境： 生长于淡水湖岸边附近的高地或坡地
典型大小： 毛籽长3 cm

▶ 卵形毛籽

具冠毛状附属物的种子，呈卵形至长椭圆形，长3~5 mm，宽约1 mm，向远基端渐狭变尖，自端点及周围伸出簇生、稠密的冠毛状物，长10~30 mm，以极狭的锐角分叉多次。

琥珀 Amber

化石产地：辽宁 抚顺
地质年代：早始新世
保存环境：煤系地层
典型大小：每块3~5 cm

琥珀是石化的天然树脂，为非晶质体，内部常含植物碎屑、昆虫等包裹体及流线构造等。琥珀主要是由远古裸子植物（松杉柏类）的树脂形成，琥珀本身属于树脂化石，里面的包裹体如昆虫属于实体化石。我国的辽宁抚顺、河南西峡盛产琥珀。抚顺西露天煤矿是我国最大的琥珀产地，也是唯一的含虫琥珀产地。抚顺琥珀主要产于早始新世古城子组的煤系地层中，按照色彩、透明度和纹理不同可以分为：血珀、金珀、明珀、蜡珀、石珀、花珀和翳珀。按内含物可以分为虫珀、植物珀。由于抚顺琥珀色彩缤纷，品种多样，很早就用作传统手工艺雕刻，现在更是用作宝石。

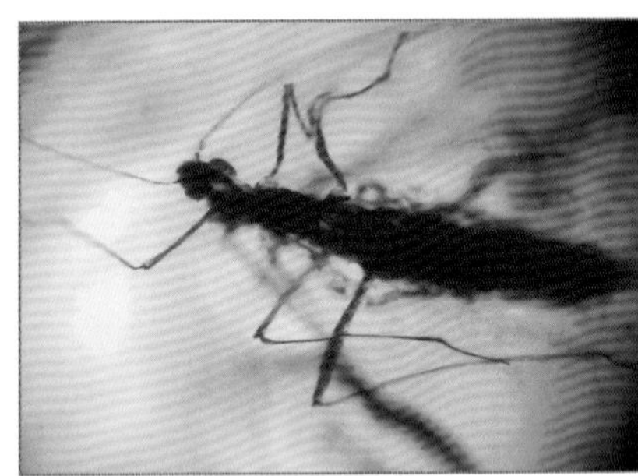

▶ 抚顺琥珀里的昆虫实体化石

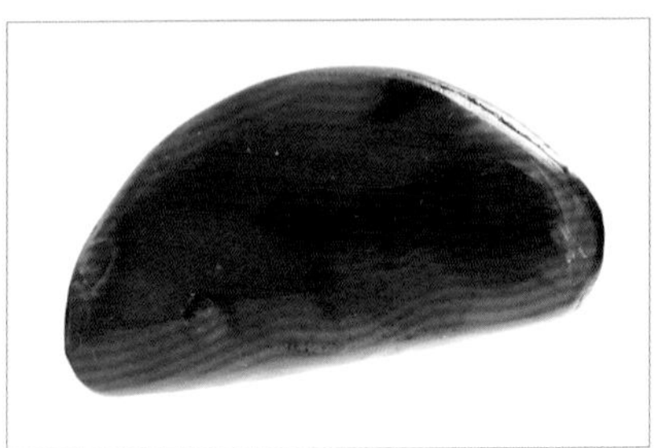

▶ 简单打磨的琥珀

木化石 Fossil wood

化石产地：全国各地

地质年代：二叠纪—现代，主要为侏罗纪、白垩纪

生活环境：生长于环境温暖湿润的大陆

典型大小：长10 cm~30 m

▶ 木化石1

木化石通常不可能确定植物的归属，但大部分属于松柏类。木化石是石化了的植物次生木质部，原物质成分已被氧化硅、方解石、白云石、磷灰石或黄铁矿等交代。它保留了树木的木质结构和纹理。可分类为：玛瑙状木化石、石英木化石、玉髓木化石、蛋白石木化石等。颜色通常为土黄、淡黄、黄褐、红褐、灰白、灰黑等。抛光面可具玻璃光泽，不透明或微透明。

▶ 木化石2

▶ 辽宁朝阳鸟化石国家地质公园内的木化石森林

遗迹化石

汉阳皱饰迹 Rusophycus hanyangensis

化石产地：湖北 武汉
地质年代：晚泥盆世
沉积环境：海相和陆相的过渡环境
典型大小：长2.5 cm、宽2 cm

皱饰迹被认为是系三叶虫等节肢动物停息迹，其轮廓反映造迹三叶虫的腹侧轮廓。皱饰迹与克鲁斯迹区别为二叶型，成椭圆形。汉阳皱饰迹为椭圆形二叶迹，许多个体皱饰相互叠复在一起，中沟不明显，每条皱纹粗约1 mm，两排皱饰相交145°。

▶汉阳皱饰迹

节肢动物遗迹 Arthropod animal remains

化石产地：贵州凯里 云南昆明
地质年代：早、中寒武世
沉积环境：浅海软质基底低能环境
典型大小：长5 cm

▶凯里生物群节肢动物遗迹化石1

▶凯里生物群节肢动物遗迹化石2

▶凯里生物群节肢动物遗迹化石3

在贵州凯里生物群和云南关山动物群的寒武纪地层中产丰富的遗迹化石，这些遗迹化石部分被认为是三叶虫（节肢动物）的行为方式：停息迹、爬行迹、觅食迹、行走迹、求偶迹、游泳迹以及不同行迹之间的连续变化所产生的行迹。这些遗迹形成于浪基面以下，海底面含氧量充分的正常开阔海环境。下面的标本是这些行为方式的一部分遗迹化石。

▶ 关山动物群节肢动物遗迹化石

粪化石 Coprolite

粪化石也称粪石、粪团，是指石化了的动物的排泄物。常见的有鱼类、爬行类、哺乳类等粪的化石，其中含有作为食物而未消化的其他生物的遗骸，可以用来推测食性、环境有一定的指示意义。各类脊椎动物的食物及消化道特点不同，故其排泄物也常有一定的形状、特征。有些鱼粪化石为螺旋状，哺乳动物粪化石一般呈椭圆形至长条形，其中属于食肉类的常有骨骼碎渣，而食草类的则全由植物的纤维状构造物质组成。颜色通常为棕或黑色，大都由磷酸钙组成。只有极少数情况下能把排泄粪便的动物准确确定。

▶ 鬣狗粪化石

鬣狗粪化石 Hyena coprolite

化石产地：江苏 南京

地质年代：早更新世

沉积环境：洞穴沉积

典型大小：长5 cm

鱼粪化石 Fish coprolites

化石产地：云南 罗平
地质年代：中三叠世
沉积环境：海相沉积
典型大小：长2 cm

▶ 鱼粪化石

羽毛 Feather

化石产地：山东 山旺
地质年代：中新世
沉积环境：湖相沉积
典型大小：长3 cm

在山旺化石群里完整地保存了鸟类化石，同时也保存了许多精美的羽毛化石。这些羽毛是鸟类表皮的角质化衍生物，主要由羽轴、羽干、羽枝和羽小枝组成。

▶ 羽毛1

▶ 羽毛2

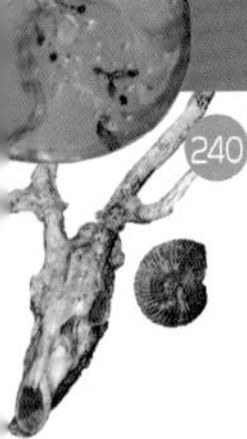

安氏鸵鸟（*Struthio anderssoni*）蛋

▶安氏鸵鸟蛋

化石产地：内蒙古 赤峰
地质年代：更新世
沉积环境：黄土沉积
典型大小：长径18 cm、短径15 cm

鸵鸟蛋是鸵鸟的卵化石。以我国北方黄土和红色土中发现的安氏鸵鸟蛋较多。安氏鸵鸟蛋为椭圆形或卵圆形，外表呈浅灰黄色，局部遭受溶蚀，表面粗糙，部分光滑。壳表面气孔口长轴的排列平行于蛋的长径，在蛋壳的最大圆切面附近尤为明显。气孔口多密集于钝端。

恐龙蛋 Dinosaur Eggs

化石产地：河南西峡、广东南雄、江西赣州等地
地质年代：白垩纪
沉积环境：陆相沉积环境
典型大小：一般长径15 cm

▶河南西峡圆形恐龙蛋

▶河南西峡椭圆形恐龙蛋

▶广东南雄长椭圆形恐龙蛋　　▶江西赣州窝状产出的长椭圆形恐龙蛋

我国是世界范围内出土恐龙蛋化石最多的国家，目前比较著名的产地有：河南西峡、广东南雄、广东河源、湖北郧县、江西赣州、浙江天台、内蒙古二连浩特、山东莱阳等地。恐龙蛋化石的形态有圆形、卵圆形、椭圆形、长椭圆形和橄榄形等。小的恐龙蛋长径不足10 cm，大的如西峡巨型蛋长径超过50 cm，一般蛋壳厚度为1.5~2 mm。蛋壳的外表面具点线饰纹结构。恐龙蛋化石可呈窝状产出，有些排列有序，有的无序排列。部分还带有胚胎化石。由于恐龙蛋保存的一般都是蛋的钙质外壳，所以很难判断蛋化石的主人是哪种恐龙。

恐龙足迹 Dinosaur Tracks

化石产地：中国各地都有分布
地质年代：晚三叠世—晚白垩世
沉积环境：河流、湖泊沉积环境
典型大小：足迹长几厘米至1.8 m

恐龙足迹是恐龙在温度、粘度、颗粒度非常适中的地表行走时留下的足迹。它具有恐龙骨骼化石无法替代的作用。这些足迹能反映恐龙日常的生活习性、行为方式，还能解释恐龙与其环境的关系。

恐龙足迹可分为凹型足迹与凸型足迹，凹型足迹也称负型足迹，即恐龙踩下的脚印本身，保存在岩层正面；凸型足迹，也称正型足迹，保存在岩层的底面，这个凸出的印痕，可以看成是恐龙足部的铸模。通过对恐龙足迹的测量，能按一种计算公式测算出造迹恐龙的奔走速度，还可以从恐龙足迹的大小来推断恐龙个体大小。与单独的足迹相比，有着连

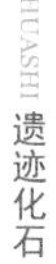

▶ 产于河北的张北足迹（兽脚类足迹、凸型）

▶ 产于江苏东海的兽脚类足迹（凹型）

▶ 产于重庆綦江的莲花卡利尔足迹（鸭嘴龙类足迹、凹型）

▶ 产于江苏东海的蜥脚类足迹（凹型）

贯顺序的“行迹”能提供更多的信息。成群的足迹能反映恐龙群居、迁徙的情况，有时也能反映肉食性恐龙与素食性恐龙之间的争斗情况，以及恐龙之间的关系，等等。

在一般情况下难以根据足迹判断是哪种恐龙的，因此在研究恐龙遗迹时，将它们分为遗迹科、属和种。但根据不同类群的恐龙的足部骨骼结构总要反映到足印的形状上，由此可以判断造迹恐龙是吃肉的还是素食的，是大型肉食类还是小型肉食类（如虚骨龙类）。根据恐龙足印的轮廓及形状还可以区分似鸟龙类、蜥脚类、禽龙类、鸭嘴龙类、剑龙类、角龙类等。

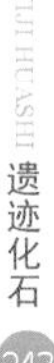

▶ 产于重庆綦江的莲花卡利尔足迹的行迹（凹型）

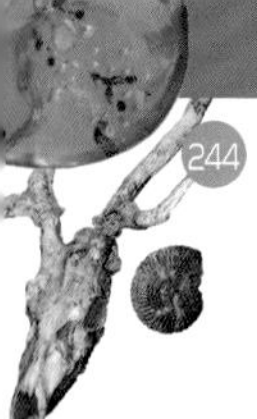

鸟类足迹 Birds Tracks

化石产地：广东 三水
地质年代：早始新世
沉积环境：河漫滩环境
典型大小：足迹长2 cm

▶广东三水地区发现的鸟类足迹化石标本

鸟类足迹化石是鸟类在沉积物表面行走留下的化石记录。鸟类足迹在国内发现非常稀少。我国最早描述的鸟类足迹是1991年来自四川峨眉的中国水生鸟足迹，同年在安徽省古沛盆地命名了古沛水生鸟足迹。此外还有甘肃地区的水鸟类足迹、辽宁的似鸡鸟足迹、山东莒南的山东鸟足迹、内蒙古鄂托克旗的斯氏岸边鸟足迹等。识别古鸟类足迹最主要的5条标准是：（1）足迹较小；（2）趾纤细并有清晰的趾垫；（3）Ⅱ—Ⅳ趾间角较大（110°～120°）；（4）具有伸向后方的拇指（Ⅰ趾）印迹；（5）具有纤细的爪迹。

翼龙足迹 Pterosaur Tracks

化石产地：山东 即墨
地质年代：早白垩世
沉积环境：河湖相沉积
典型大小：前足8 cm，后足7 cm

翼龙足迹是非常珍奇的遗迹学证据，中国的翼龙足迹非常罕见。其中，山东即墨翼龙足迹是中国第三例翼龙足迹证据。即墨的翼龙足迹保存了两对翼龙的前后肢足迹，此外还有一个不甚清楚的后足足迹，这5个足迹构成了一个完美的行迹。

即墨翼龙足迹具有典型的翼龙足迹特征，比如四足行走，前脚为极不对称的三趾型，趾行式，第Ⅱ趾最短，第Ⅳ趾最长；后脚为四趾型，跖行式；前后脚均外偏，行迹宽；等等。

即墨翼龙行迹

即墨翼龙前后足足迹

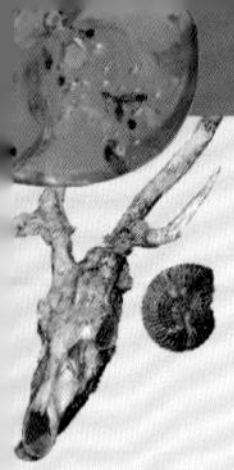

名词解释

古生物：指地质历史时期，人类有文字记载以前生活于地球上的生物。

无脊椎动物：是背侧没有脊柱的动物，它们是动物的原始形式。

标准化石：生存时间短、地理分布广、个体数量多、特征明显、易于发现的化石。

种：生物分类的基本单位，位于生物分类法中最后一级，在属之下。

海绵动物：动物界的一门，最原始的多细胞动物。身体由内外两层细胞构成，无口和行动器官，营固着生活。

群体：生物个体生长连接成的集群。

骨针：某些低等动物体内呈针状或其他形状的小骨，有支持组织、保护身体的功能。

珊瑚：属于腔肠动物，具有石灰质、角质或革质的内骨骼或外骨骼。

蠕形动物：无脊椎动物的一大类，包括很多门，如扁形动物、线虫动物、曳鳃动物等。一般身体延长，左右对称，多数柔软无附肢，蠕动运移。

笔石：是笔石动物的化石，其保存状态是压扁成了碳质薄膜，像笔在岩石层上书写的痕迹。

笔石体：笔石虫体所分泌的骨骼，称为笔石体。

笔石枝：笔石胞管组成笔石枝。

腕足动物：腕足动物门是具两枚壳瓣的海生底栖固着动物。两枚壳瓣大小不等，每枚壳瓣左右对称。

腹壳：腕足动物大的壳瓣叫腹壳，为肉茎所在，因而也叫茎壳。

背壳：腕足动物小的壳瓣叫背壳，由于具腕骨，因此也叫腕壳。

茎孔：腹壳的一端有一个圆的或三角的孔洞，供肉芽穿出，叫茎孔。

壳褶：当放射状壳饰粗壮，不仅见于壳面外部，并且影响内部壳面时，叫壳褶。

壳线：如果仅见于外部壳面，内部壳面仍然平滑时，叫壳线。

软体动物：无脊椎动物的一门，包括双壳类、腹足类和头足类等。身体柔软，通常有壳，无体节，有肉足或腕。

双壳动物：属软体动物，具有两个合抱软体的贝壳，又称瓣鳃类、斧足类。

腹足动物：软体动物门中物种最多的一个纲，外壳多呈螺旋形，失去对称性。

软舌螺动物：软舌螺动物门是动物界的一个门，是一类已经灭绝了的海生有壳的无脊椎动物，其化石一般保存锥壳、口盖和附肢3个部分，外壳为钙质成分，两侧对称。

头足动物：属软体动物，嘴长在身体下侧的平面上，长有尖利、像鸟嘴一样的颚，四周有可伸缩的强健触须或手臂。包括鱿鱼、章鱼、鹦鹉螺、菊石等。

菊石：软体动物门头足纲的一个亚纲。因它的表面通常具有类似菊花的线纹而得名。

胎壳：鹦鹉螺类的壳可以分3部分，位于壳的最后一端有一个灯泡状的壳室称为胎壳。

气室：在胎壳的前方被许多微向后凸的隔壁分成的许多房或室。

住室：在最外围，为鹦鹉螺类动物软体居住之处，无横壁及体管。

缝合线：隔壁的边缘与壳壁相接触的线，又称隔壁线。

节肢动物：动物界中种类最多的一门。身体左右对称，由多数结构与功能各不相同的体节构成，一般可分头、胸、腹3部，体表有坚厚的几丁质外骨胳，附肢分节。包括甲壳纲、三叶虫纲、肢口纲、蛛形纲、昆虫纲等。

三叶虫：已灭绝的一类节肢动物，身体纵向、横向都三分，故名三叶虫。

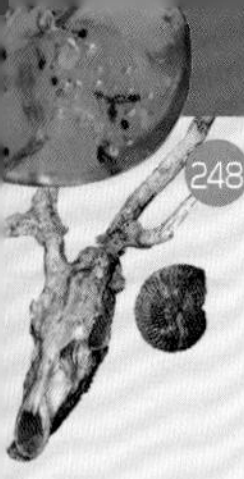

头甲：三叶虫头部。

头鞍：三叶虫头部中间隆起的部分。

活动颊：面线外侧的部分。

面线：经过眼睛内侧边缘的线，区分活动颊和头盖。

复眼：相对于单眼而言，它由多只小眼组成。

外骨骼：一种能够提供对生物柔软内部器官进行构型、建筑和保护的坚硬的外部结构。

附肢：节肢动物身体上具有运动或其他功能的器官，如触角、足、外生殖器、尾须等。

前口式：口器着生并伸向前方，大多数具有咀嚼式口器的捕食性昆虫、钻蛀性昆虫等的头式属于前口式。

下口式：口器着生并伸向头的下方，特别适于啃食植物叶片、茎秆等。

后口式：口器伸向腹后方，大多数具有刺吸式口器昆虫的头式属于此类。

鞘翅：甲虫变形的角质前翅，用以保护膜质后翅。

底栖动物：是指生活史的全部或大部分时间生活于水体底部的水生动物群。

螯肢：颚体上的第一对附肢，由基节、端节和表皮内突构成，是取食结构。

昆虫纲：旧称“六足虫纲”，属于节肢动物，是整个动物界中最大的类群。

棘皮动物：海生无脊椎动物的一个门，除部分营底栖游泳或假漂浮生活外，多数营底栖固着生活。特征为外皮坚硬且多刺，由棘状的内骨骼支撑，内骨骼由含钙的盘状物组成，成年期则多为辐射对称。体不分节，无头部，体表具瘤粒或棘刺，故名棘皮动物。

羽枝：由腕板侧方长出的羽状枝骨。

萼部：海百合的萼部，其上连接有腕。

脊椎动物：有脊椎骨的动物，是脊索动物的一个亚门。

鱼类：用鳃呼吸、以鳍为运动器官、多数披有鳞片和侧线感觉器官的水生变温脊椎动物类群。可分为：无颌纲、盾皮纲、软骨鱼纲、棘鱼纲、硬骨鱼纲。

无颌纲：最原始的鱼类，无颌，包括七鳃鳗、盲鳗及某些已经灭绝的类群。

硬骨鱼纲：脊椎动物亚门的一纲，具有硬骨质内骨骼的鱼类。

辐鳍鱼类：是脊椎动物中演化最为成功的类群之一，是鱼类自身演化道路上的主干，是地球水域的真正征服者。

真骨鱼类：硬骨鱼纲、辐鳍亚纲中除了软骨硬鳞鱼类和全骨鱼类以外的其他鱼类，包括绝大多数现生鱼类，真正的鱼类。

背鳍：沿水生脊椎动物的背中线而生长的正中鳍。为生长在背部的鳍条所支持的构造。

臀鳍：长在鱼体后腹部正中线上肛门与尾鳍之间的奇鳍。

腹鳍：具有协助背鳍、臀鳍维持鱼体平衡和辅助鱼体升降拐弯。腹鳍着生的位置随不同的鱼类而异。

尾鳍：鱼类尾部末端中央的奇鳍。

古鳕类：最原始的软骨硬鳞鱼类，为并系类群，身披硬鳞，歪型尾。

两栖动物：最原始的陆生脊椎动物。既可以适应陆地生活，又有从鱼类祖先继承下来的适应水生生活的性状。幼体生活在水中，用鳃呼吸。成体一般生活在陆地上，用肺呼吸。皮肤裸露，能分泌黏液。它包括蝾螈、蛙、蟾蜍等。

爬行动物：第一批摆脱对水的依赖而真正征服陆地的变温脊椎动物。爬行动物的皮肤干燥且表面覆盖着保护性的鳞片或坚硬的外壳。它们的胚胎由羊膜所包覆。

椎板：龟类背甲中央一列。

肋板：龟类椎板两侧。

缘板：龟类背甲左右边缘两列。

离龙类：营两栖生活的基干双孔类，是一种半水生双弓类爬行动物。包括鳄龙、伊克昭龙、满洲鳄、潜龙等。

鳍龙类：双孔类中的一个单系类群。它包括三叠纪的楯齿龙

类、肿肋龙类和幻龙类及侏罗纪、白垩纪的蛇颈龙类和上龙类。上下颌长有许多尖齿，四肢呈桨状，适合在水里活动，捕食鱼类等水生动物。

恐龙类：是一群中生代的多样化优势陆栖脊椎动物，在地球上生存了1.6亿年的时间，根据其骨盘构造，可分为蜥臀目和鸟臀目两个大类。前肢比后肢短，多数后肢步行，也有四肢步行的。

蜥臀目：蜥臀目的腰带从侧面看是三射型，结构与蜥蜴相似。蜥臀目包括兽脚亚目与蜥脚亚目，兽脚亚目包含了所有的肉食性恐龙；而蜥脚亚目则是体型庞大的草食性动物演化支。

鸟臀目：是一类有喙（外观类似鸟喙）的草食性恐龙。它们拥有与鸟类相似的骨盆结构。它包括鸟脚类、剑龙类、甲龙类、角龙类和肿头龙类。

鸟脚类：属鸟臀目，能双足行走及奔跑，并将尾部抬离地面。嘴部一般扁平，下颌骨前方有单独的前齿骨。

兽脚类：属蜥臀目，肉食，以后肢支撑身体运动，前肢短，适于抓捕猎物，具有快速奔跑和掠食的能力，趾端具利爪，具带锯齿的利齿。

蜥脚类：属蜥臀目，体形庞大，头小，颈、尾长，四肢粗壮，四足行走，植食。

翼龙类：第一群能主动飞行的爬行动物。在大众媒体中，翼龙类常被当成恐龙，这是错误的。

鸟类：脊椎动物亚门的一纲，由恐龙的一支进化而来，身体呈纺锤形、都有翅膀和羽毛，恒温、卵生，无齿，具喙。

哺乳动物：脊椎动物亚门中最高等的一纲。最突出的特征是其幼仔由母体分泌的乳汁喂养长大。温血，体温基本恒定，身披毛发，大脑发达，并能不断地改变自己的行为，以适应外界环境的变化。

前荐椎：位于腰带前端的脊椎部分。

猫科动物：哺乳动物中以肉食为主的哺乳动物，食肉目中肉食性最强的一科，其中大型成员是顶级食肉动物。

前臼齿：位置在犬齿的后面、臼齿的前面的牙齿。

臼齿：指位置在口腔后方两侧的牙齿，齿冠上有疣状的突起，适合于磨碎食物。

犬齿：哺乳动物上下颚门齿及臼齿之间尖锐的牙齿。

齿列：牙齿在上下颌骨的齿槽突起上各有一列，称为齿列。

颊齿：在哺乳动物中颊齿包括前臼齿和臼齿。

植物：生命的主要形态之一，一般有叶绿素、基质、细胞核，没有神经系统，具有光合作用的能力。分藻类、苔藓、蕨类和种子植物，种子植物又分为裸子植物和被子植物。

藻类：藻类是原生生物界一类真核生物，主要水生，无维管束，也无真正的根、茎、叶，能进行光合作用。在生长过程中向大气释放大量氧气，前寒武纪时，改变了大气的组成。

叠层石：由蓝藻等低等微生物的生命活动所引起的周期性矿物沉淀、沉积物的捕获和胶结作用，从而形成了叠层状的生物沉积构造。

苔藓植物：属于最低等的高等植物。无花，无种子，以孢子繁殖，结构简单，仅包含茎和叶两部分，有时只有扁平的叶状体，没有真正的根和维管束。喜欢阴暗潮湿的环境。

蕨类植物：植物界中的一门，最原始的维管植物。蕨类植物孢子体发达，有根、茎、叶之分，不具花，以孢子繁殖。

真蕨植物：蕨类植物中最占优势、数量最多的一门，又称羊齿植物。具明显的根、茎、叶和复杂的维管系统的分化。

种子蕨植物：兼具真蕨植物和裸子植物的特征。植物体多为灌木或藤本，茎细长，分枝少，多具大型羽状复叶，也有具粗壮主茎和大的单叶。蕨叶与真蕨植物极相似，但生殖叶上着生种子和花粉囊，主叶柄常二歧分叉，叶表面角质层厚，有的具间小羽片。

种子植物：是植物界最高等的类群。体内有维管组织——韧皮部和木质部，能产生种子并用种子繁殖。种子植物可分为裸子植物和被子植物。

裸子植物：它们的胚珠外面没有子房壁包被，不形成果皮，种子是裸露的，故称裸子植物。主要化石类别有：苏铁纲、松柏纲、银杏纲等。

被子植物：植物界最高级的一类，拥有真正的花，是它们繁殖后代的重要器官，也是区别于裸子植物及其他植物的显著特征。

羽片：蕨类的叶片在分成2枚以上的小叶片时，第一次分裂的叶片称为羽片，最后一级的裂片就称为小羽片。

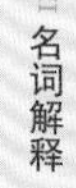

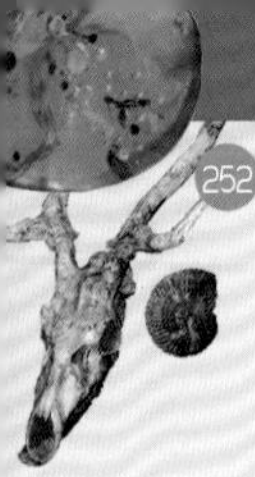

叶：完整的叶是由叶片、叶柄和叶托组成。

叶片：叶的扁阔部分。

叶柄：叶着生在茎（或枝）上的连接部分。

托叶：叶柄基部两侧的附属物，在化石中很少见到。

基部：叶接近于基（或枝）的一端。相对的一端叫顶端。

单叶：由单一的叶组成，叶柄直接延长为叶脉。

复叶：有两片至多片分离的叶片生在一个总叶柄或总轴上。

叶缘：叶片的边缘。

全缘：指叶缘平整。

波状：叶缘稍显凸凹而呈波纹状。

叶脉：生长在叶片上的维管束，它们是茎中维管束的分枝。

脉序：叶脉的分布形式，可分为平行脉、网状脉和叉状脉三大类型。

叶形：叶片的外形或基本轮廓。

荚果：由离生心皮构成，心皮厚角质化或木质化，成熟时开裂成两瓣，如豆荚。

翅果：有翅的干果，果皮或膜质延长为翅，如槭树的果。

坚果：一种硬而具有一颗种子的干果，果皮变成坚硬的壳包围种子，如栗。

足迹：造迹者脚踏地面的直接印迹，主要包括凹型足迹、凸型足迹和幻迹。

凹型足迹：也称负型足迹、自然模足迹。指造迹者脚踏形成的足迹本身，一般保存在岩石的顶面。

凸型足迹：也称正型足迹、自然铸模足迹。指足迹被填充后，留在上一层岩层的底面所形成的铸膜。

足迹长：指足迹的最前点和最末点间的距离。

参考文献

[1] 罗惠麟, 胡世学, 等. 昆明地区早寒武世澄江动物群 [M] . 昆明: 云南科技出版社, 1999.

[2] 罗惠麟, 李勇, 胡世学, 等. 云南东部早寒武世马龙动物群和关山动物群 [M] . 昆明: 云南科技出版社, 2008.

[3] 赵元龙. 凯里生物群——5.08亿年前的海洋生物 [M] . 贵阳: 贵州科技出版社, 2011.

[4] 杨敬之, 胡兆珣. 中国各门类化石　中国的苔藓虫 [M] . 北京: 科技出版社, 1962.

[5] 穆恩之, 陈旭. 中国各门类化石　中国的笔石 [M] . 北京: 科技出版社, 1965.

[6] 王钰, 金玉玕, 方大卫. 中国各门类化石　中国的腕足动物化石 [M] . 北京: 科技出版社, 1964.

[7] 王钰, 戎嘉余. 中国古生物志　广西南宁—六景间泥盆纪郁江期腕足动物门 [M] . 北京: 科技出版社, 1986.

[8] 赵金科, 等. 中国各门类化石　中国的头足类化石 [M] . 北京: 科技出版社, 1965.

[9] 张俊峰. 山旺昆虫化石 [M] . 济南: 山东科学技术出版社, 1989.

[10] 张俊峰, 孙博, 张希雨. 山东山旺中新世昆虫与蜘蛛 [M] . 北京: 科学出版社, 1994.

[11] 卢衍豪, 张文堂, 朱兆玲, 等. 中国各门类化石　中国的三叶虫 [M] . 北京: 科学出版社, 1965.

[12] 卢衍豪. 中国古生物志　华中及西南奥陶纪三叶虫动物群 [M] . 北京: 科学出版社, 1975.

[13] 袁金良, 李越, 穆西南, 等. 中国古生物志　山东及邻区张夏组 (寒武系第三统) 三叶虫动物群 [M] . 北京: 科学出版社, 2012.

[14] 袁金良，赵元龙，李越，等. 黔东南早、中寒武世凯里组三叶虫动物群[M]. 上海：上海科技出版社，2002.

[15] 西里尔·沃克，戴维·沃德. 化石　全世界500多种化石的彩色图鉴[M]. 北京：中国友谊出版公司，2007.

[16] 孙博. 山旺古生物图鉴 [M]. 北京：科技出版社，1995.

[17] 赵元龙，等. 贵州——古生物王国 [M]. 贵阳：贵州科技出版社，2002.

[18] 孙革，张立君，周长付，等. 30亿年来的辽宁古生物 [M]. 上海：上海科技教育出版社，2011.

[19] 汪啸风，陈孝红，等. 关岭生物群 [M]. 北京：地质出版社，2004.

[20] 叶祥奎. 中国古生物志　中国龟鳖类化石 [M]. 北京：科学出版社，1963.

[21] 古脊椎动物研究所高等脊椎动物研究室. 中国脊椎动物化石手册 哺乳动物部分 [M]. 北京：科学出版社，1960.

[22]《中国脊椎动物化石手册》编写组. 中国脊椎动物化石手册（增定版）[M]. 北京：科学出版社，1976.

[23] 邱占祥，邓涛，王伴月. 中国古生物志　甘肃东乡龙担早更新世哺乳动物群 [M]. 北京：科学出版社，2004.

[24] 邢立达. 古兽真相 [M]. 北京：航空工业出版社，2007.

[25] 孙克勤，崔金钟，王士俊，等. 中国化石植物志第二卷——中国化石蕨类植物 [M]. 北京：高等教育出版社，2010.

[26] 孙革，郑少林，D. 迪尔切，等. 辽西早期被子植物及伴生植物群 [M]. 上海：上海科技教育出版社，2001.

[27] 孙革. 山旺植物化石 [M]. 济南：山东科学技术出版社，1999.

[28] 邢立达. 恐龙足迹 [M]. 上海：上海科技教育出版社，2010.

[29] 王约. 贵州剑河寒武纪凯里组遗迹群落中的节肢动物遗迹 [J]. 地质评论，2007.

[30] 杨瑞东，等. 贵州台江中寒武世凯里组中分枝状宏观藻类化石 [J]. 地质学报，2001.

[31] 彭进. 贵州早寒武世杷榔动物群的研究 [D]. 贵阳：贵州大学2005

界硕士研究生学位论文, 2005.

[32] 陈笑媛, 等. 贵州凯里生物群中软舌螺的初步研究 [J] . 微体古生物学报, 2003.

[33] 毛永琴. 贵州东部寒武纪始海百合生态和埋藏特征的初步研究 [D] . 贵阳: 贵州大学2007界硕士研究生学位论文, 2007.

[34] 刘冠邦, 等. 贵州兴义晚三叠世贵州龙层新发现的鱼类 [J] . 古生物学报, 2003.

[35] 陈平富, 等. 鲈形目少鳞鳜属化石在中国的首次发现 [J] . 古脊椎动物学报, 1999.

[36] 杨遵仪, 等. 河北围场淡水鲎虫化石的发现 [J] . 古生物学报, 1980.

[37] 张启跃, 胡世学, 等. 鲎类化石 (节肢动物) 在中国的首次发现 [J] . 自然科学进展, 2009.

[38] 周家健. 山东山旺中中新世鲤科化石 [J] . 古脊椎动物学报, 1990.

[39] 刘宪亭, 等. 山西榆社盆地上新世鱼类. 古脊椎动物与古人类 [D] . 1962.

[40] 张江永. 辽宁中华弓鳍鱼 (Sinamia) 一新种 [J] . 古脊椎动物学报, 2012.

[41] 苏德造. 新疆中生代晚期的鱼群. 古脊椎动物与古人类 [D] . 1980.

[42] 文芠. 云南中三叠世罗平生物群鱼类化石及其古生态学特征 [D] . 成都: 成都理工大学硕士学位论文, 2011.

[43] 杨式溥, 等. 汉阳锅顶山地区晚泥盆世遗迹化石的发现及其意义 [J] . 武汉地质学院报, 1987.

[44] 高克勤. 山东临朐中中新世锄足蟾类化石及临朐蟾蜍的再研究 [J] . 古脊椎动物学报, 1986.

[45] 赵金科, 等. 浙西、赣东北早二叠世晚期菊石 [J] . 古生物学报, 1977.

[46] 侯连海, 等. 甘肃发现中新世鸵鸟化石 [J] . 科学通报, 2005.

[47] Li-Da Xing et al. Early Cretaceous pterosaur tracks from a “buried” dinosaur tracksite in Shandong Province, China. Palaeowold, 2012.

中国昆虫生态大图鉴
张巍巍　李元胜　主编
定　价　398.00元
重庆大学出版社2011年5月出版
本书荣获：
第三届中国出版政府奖图书提名奖
第四届中华优秀出版物奖图书提名奖
2012年重庆市科学技术奖科技进步三等奖
CHINESE INSECTS ILLUSTRATED
中国昆虫生态大图鉴
这是一本精美绝伦的特大著作，每个虫种由专业学者鉴定，不仅有昆虫分类、生态方面的价值，从鉴赏大自然美妙，感受无穷的色彩斑斓等也应当是美学、摄影家不可或缺的好读本。
中科院院士、昆虫学家　尹文英
大陆虫鉴新起点。
中国昆虫学会科普委员会主任、昆虫学家　彩万志
大图鉴是昆虫科学和摄影艺术的完美结合，给人前所未有的震撼。
南京农大博导、昆虫学家　王荫长